职业教育智能建造工程技术系列教材

机器人施工辅助设备

王春宁 曲 强 主 编
高 歌 黄 河 主 审

中国建筑工业出版社

图书在版编目（CIP）数据

机器人施工辅助设备/王春宁，曲强主编. —北京：
中国建筑工业出版社，2022.8
职业教育智能建造工程技术系列教材
ISBN 978-7-112-27373-7

I.① 机… Ⅱ.①王… ②曲… Ⅲ.①建筑机器人－
辅助系统－职业教育－教材　Ⅳ.①TP242.3

中国版本图书馆CIP数据核字（2022）第079859号

本书系统地介绍了机器人施工辅助设备内容及应用知识，并附有典型的实际案例。全书共分 5 个项目，项目 1 主要介绍辅助设备基本要素，项目 2～项目 5 以典型案例贯穿始终，阐述测量机器人、智能施工升降机、楼层清洁机器人、智能随动式布料机等学习内容，包括机器人的性能、作业、维修保养、常见故障及处理、安全事项等。

本书可作为高等职业学院、应用型本科院校、技师院校等教材和教学参考书，也可供从事土木建筑设计、施工、管理人员参考。

为了便于本课程教学，作者自制免费课件资源，索取方式为：1. 邮箱：jckj@cabp.com.cn；2. 电话：（010）58337285；3. 建工书院：http://edu.cabplink.com；4.QQ交流群：472187676。

教学服务群

责任编辑：司　汉　朱首明　李　阳
责任校对：张惠雯

职业教育智能建造工程技术系列教材
机器人施工辅助设备
王春宁　曲　强　主　编
高　歌　黄　河　主　审
*
中国建筑工业出版社出版、发行（北京海淀三里河路9号）
各地新华书店、建筑书店经销
北京科地亚盟排版公司制版
河北鹏润印刷有限公司印刷
*
开本：787毫米×1092毫米　1/16　印张：12¼　字数：280千字
2022年9月第一版　　2022年9月第一次印刷
定价：**38.00**元（赠教师课件）
ISBN 978-7-112-27373-7
（39499）

职业教育智能建造工程技术系列教材
编写委员会

前　言

随着我国建筑行业的迅速发展，传统密集型劳动作业方式已经不再适应发展的需求，2020 年 7 月住房和城乡建设部等 3 部门发布了《关于推动智能建造与建筑工业化协同发展的指导意见》，该意见的基本原则为立足当前、着眼长远、节能环保、绿色发展、自主研发，开放合作。到 2025 年，我国智能建造与建筑工业化协同发展的政策体系和产业体系基本建立，建筑工业化、数字化、智能化水平将显著提高，产业基础、技术装备、科技创新能力以及建筑安全质量水平全面提升，劳动生产率明显提高，能源资源消耗及污染排放大幅下降，环境保护效应显著。推动形成一批智能建造龙头企业，引领并带动广大中小企业向智能建造转型升级，打造"中国建造"升级版。到 2035 年，我国智能建造与建筑工业化协同发展将会取得显著进展，企业创新能力大幅提升，产业整体优势明显增强，"中国建造"核心竞争力世界领先，建筑工业化全面实现，迈入智能建造世界强国行列。

在新形势驱动下，碧桂园集团于 2018 年 7 月成立了"广东博智林机器人有限公司"，该公司是一家行业领先的智能建造解决方案提供商，聚焦建筑机器人、BIM 数字化、新型建筑工业化等产品的研发、生产与应用，打造并实践新型建筑施工组织方式。通过技术创新、模式创新，探索行业高质量可持续发展新路径，助力建筑业转型升级。公司自成立以来，已进行建筑机器人及相关设备、装配式等的研发、生产、制造、应用。用建筑机器人来替代人完成工地上危险、繁重的工作，以解决建筑行业安全风险高、劳动强度大、质量监管难、污染排放高、生产效率低等问题，助力碧桂园集团转型升级，助力国家构建高质量建造体系。

本系列教材第 1 批推出 18 款机器人，包括：4 款机器人施工辅助设备、6 款结构工程施工机器人、8 款装饰工程施工机器人。教材内容基于现有研究成果，着重讲述建筑机器人的操作流程，展示机器人在实际工程项目中的应用。机器人与传统施工结合，能科学地组织施工，有利于对工程的工期、质量、安全、文明施工、工程成本等进行高效率管理。

本教材按照企业员工培训、职业院校学生人才培养目标的要求编写，教材注重机器人操作能力的训练。培养学员具备机器人相关操作与施工管理的能力，增强学员学习的视觉性和快速记忆。本教材既有操作知识，还可以引导研究与实践者在人机协作的思想下不断激发建筑技术的变革与发展，其最大的特点在于舍弃了大量枯燥而无味的文字介绍，内容以机器人施工实际操作为主线，并给予相应的文字解答，以图文结合的形式来体现建筑机器人在施工中的各种细节操作。为促进"智能建造"建筑领域人才培养，缓解供需矛盾，满足行业需求，助力企业转型，全面走向绿色"智造"贡献绵薄之力。

本教材由王春宁、曲强任主编，范向前负责统稿，李秋成、周晖、李江涛、吕志刚任副主编。其中项目1由吕志刚、申靖宇、申耀武编写；项目2、项目3由王春宁、周晖、李江涛、范向前、申靖宇编写；项目4、项目5由曲强、李秋成、吕志刚、薛瑞、张志敏编写。

本教材在编写过程中，汇集了一线设计、施工人员在各工程中机器人的不同细部操作经验的总结，也学习和参考了有关现行智能建造规程、标准。在此一并表示衷心感谢。由于编者水平有限，时间紧迫，书中难免存在疏漏和错误之处，恳请广大读者批评指正。

目 录

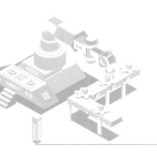

项目 **1** 辅助设备基本要素 >>>

【知识要点】

掌握机械部件图形表示符号一般标注的基本规则；熟悉国标焊接图纸标注符号；了解齿轮公差和磨损缺陷；熟悉齿轮传动的基本概念和润滑的基本方法；对机械设备变速器和液压装置的常用种类有所了解；熟悉变速器和液压装置工作原理；掌握建筑装饰BIM参数化设计、Revit项目文件、样板文件、族文件和族样板；熟悉BIM参数化设计，机器人路径规划设计；了解三维激光扫描仪的原理、特点及发展趋势；熟悉三维激光扫描仪的特点及数据处理方法；掌握户型图导入方法；熟悉测量站点的设置依据；了解3D点云计算的原理；掌握传统实测实量工作基本原则方法。

【能力要求】

进一步学习图纸深化的全流程，会应用BIM模型建立机器人施工路径，设置BIM机器人施工地图（运行路径）；能够判断机械常见的事故，并进行处理；会机器人常规的维护与保养；具有识读机械图、进行机械维护保养的基本能力；具备三维激光扫描仪数据处理的能力。

单元 1.1 机械基础知识

任务 1.1.1 机械零部件图形符号

1. 一般尺寸标注

（1）基本规则

1）机械零部件的真实大小应以图样上所注的尺寸数值为依据，与图形的大小及绘图的准确度无关。

2）图样中（包括技术要求和其他说明）的尺寸，以 mm 为单位时，不需要标注计量单位的代号和名称，如采用其他单位，则必须注明相应的计量单位的代号或名称，如 45 度30 分应写成 45° 30'。也可利用轮廓线、轴线或对称中心线作尺寸界线。如图 1-1 所示。

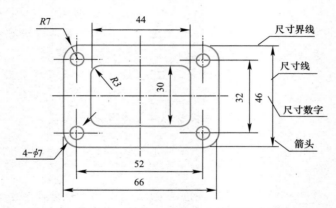

图 1-1 轮廓线、轴线、对称中心线和尺寸界线标注

（2）尺寸线

尺寸线用来表示尺寸度量的方向。尺寸线必须用细实线绘在两尺寸界线之间，不能用其他图线代替，不得与其他图线重合或画在其延长线上。

尺寸线的终端有箭头（b 为粗实线宽度）和斜线（h 为字体高度）两种形式。如图 1-2 所示。

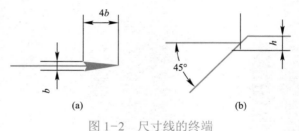

图 1-2 尺寸线的终端

（a）箭头；（b）斜线

（3）圆、圆弧及球的尺寸标注

标注圆的直径时，应在尺寸数字前加注符号"ϕ"；标注圆弧半径时，应在尺寸数字前加注符号"R"；标注球面直径或半径时，应在尺寸数字前加注"$S\phi$"或"SR"。如图 1-3 所示。

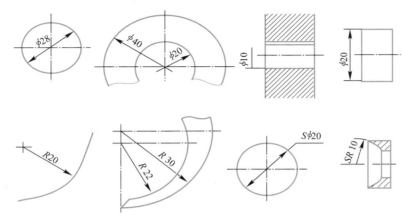

图 1-3　圆、圆弧及球尺寸标注

（4）斜度与锥度

1）斜度

斜度是指一直线（或平面）对另一直线（或平面）的倾斜程度。其大小以它们夹角的正切值来表示，并将此值化为 $1:n$ 的形式，斜度为 $\tan\alpha=H/L=1:n$。标注斜度时，需在 $1:n$ 前加注斜度符号"∠"，且符号方向与斜度方向一致。斜度符号的高度等于字高 h。斜度的定义、画法及其标注方法，如图 1-4 所示。

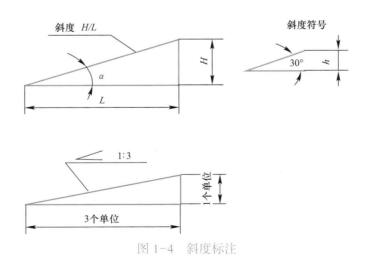

图 1-4　斜度标注

2）锥度

锥度是指正圆锥体的底圆直径与其高度之比（对于圆锥台，则为底圆直径与顶圆直径的差与圆锥台的高度之比），并将此值化成 1：n 的形式。标注时，需在 1：n 前加注锥度符号"▷"，且符号的方向应与锥度方向一致。锥度符号的高度等于字高 h。锥度的定义、画法及其标注方法，如图 1-5 所示。

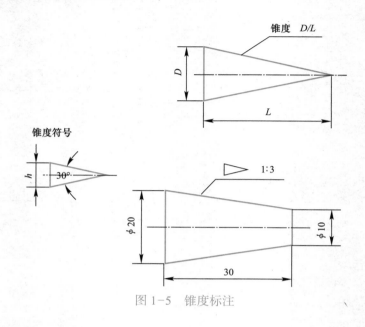

图 1-5 锥度标注

2. 表面粗糙度

无论用何种方法加工的表面，都不会是绝对光滑的，在显微镜下可看到表面的峰、谷状，如图 1-6 所示。表面粗糙度是指零件加工表面上具有的较小间距和峰、谷组成微观几何形状特性。

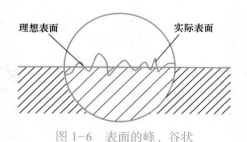

图 1-6 表面的峰、谷状

表面粗糙度是评定零件表面质量的一项技术指标，它对零件的配合性质、耐磨性、抗腐蚀性、接触刚度、抗疲劳强度、密封性和外观等都有影响。表面粗糙度代号详见表 1-1。

表面粗糙度代号　　　　　　　　　　　　　　　　表 1-1

表面粗糙度符号及意义		表面粗糙度高度参数的标注			
符号	意义及说明	R_a		R_z、R_y	
		代号	意义	代号	意义
✓	基本符号，表示表面可用任何方法获得。当不加注粗糙度参数值或有关说明（例如：表面处理、局部热处理状况等）时，仅适用于简化代号标注	3.2✓	用任何方法获得的表面粗糙度，R_a的上限值为3.2μm	$R_y3.2$✓	用任何方法获得的表面粗糙度，R_y的上限值为3.2μm
✓	基本符号加一短划，表示表面是用去除材料的方法获得。例如：车、铣、钻、磨、剪、切、抛光、腐蚀、电火花加工、气割等	3.2✓	用去除材料方法获得的表面粗糙度，R_a的上限值为3.2μm	R_z200✓	用不去除材料方法获得的表面粗糙度，R_z的上限值为200μm
		3.2✓	用不去除材料方法获得的表面粗糙度，R_a的上限值为3.2μm	$R_z3.2$ $R_z1.6$✓	用去除材料方法获得的表面粗糙度，R_z的上限值为3.2μm，下限值为1.6μm
✓	基本符号加一小圆，表示表面是用不去除材料的方法获得。例如：铸、锻、冲压变形、热轧、冷轧、粉末冶金等。或者是用于保持原供应状况的表面（包括保持上道工序的状况）	3.2 1.6✓	用去除材料方法获得的表面粗糙度，R_a的上限值为3.2μm，R_a的下限值为1.6μm	3.2 $R_y12.5$✓	用去除材料方法获得的表面粗糙度，R_a的上限值为3.2μm，R_y的上限值为12.5μm
✓	在上述三个符号的长边上均可加一横线，用于标注有关参数和说明	3.2max✓	用任何方法获得的表面粗糙度，R_a的最大值为3.2μm	$R_y3.2$max✓	用任何方法获得的表面粗糙度，R_y的最大值为3.2μm
✓		3.2max✓	用去除材料方法获得的表面粗糙度，R_a的最大值为3.2μm	$R_y200$max✓	用不去除材料方法获得的表面粗糙度，R_y的最大值为200μm
✓	在上述三个符号上均可加一小圆，表示所有表面具有相同的表面粗糙度要求	3.2max✓	用不去除材料方法获得的表面粗糙度，R_a的最大值为3.2μm	$R_z3.2$max $R_z1.6$min✓	用去除材料方法获得的表面粗糙度，R_z的最大值为3.2μm，最小值为1.6μm
		3.2max 1.6min✓	用去除材料方法获得的表面粗糙度，R_a的最大值为3.2μm，R_a的最小值为1.6μm	3.2max $R_y12.5$max✓	用去除材料方法获得的表面粗糙度，R_a的最大值为3.2μm，R_y的最大值为12.5μm
表面粗糙度数值及其有关规定在符号中注写的位置		a_1、a_2——粗糙度高度参数代号及其数值（μm）； b——加工要求、镀覆、涂覆、表面处理或其他说明等； c——取样长度（mm）或波纹度（μm）； d——加工纹理方向符号； f——粗糙度间距参数值（mm）或轮廓支承长度率			

3. 公差与配合概念

（1）公差

零件制造加工尺寸无法做到绝对准确。为了保证零件的互换性，设计时根据零件使用要求而制定允许尺寸的变动量，称为尺寸公差，简称公差。下面介绍公差有关术语（图 1-7）。

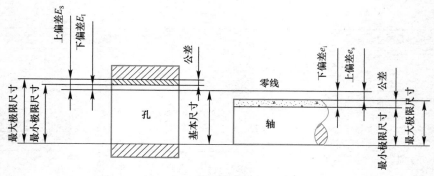

图 1-7　公差有关术语示意

1）基本尺寸。根据零件设计要求所确定的尺寸。

2）实际尺寸。通过测量得到的尺寸。

3）极限尺寸。允许尺寸变动的两个界限值。

4）上、下偏差。最大、最小极限尺寸与基本尺寸的代数差分别称为上偏差、下偏差。孔的上、下偏差代号分别用 E_s、E_I 表示；轴的上、下偏差代号分别用 e_s、e_i 表示。

5）尺寸公差。允许尺寸的变动量。它等于最大、最小极限尺寸之差或上、下偏差之差。

6）尺寸公差带。在公差图中由代表上、下偏差的两条直线限定的区域。

7）零线。在公差图中表示基本尺寸或零偏差的一条直线。

8）标准公差和公差等级。用以确定公差带大小的任一公差称为标准公差；公差等级是确定尺寸精确程度的等级。

9）基本偏差。基本偏差为用以确定公差带相对于零线位置的上偏差或下偏差，即基本偏差系列中靠近零线的偏差。

（2）配合

配合是指基本尺寸相同的、相互结合的孔和轴公差带之间的关系。由于孔和轴的实际尺寸不同，装配后可能产生不同的配合形式，分为以下三种。

1）间隙配合

孔的公差带在轴的公差带之上，孔与轴装配时，具有间隙（包括最小间隙为零）的配合。如图 1-8 所示。

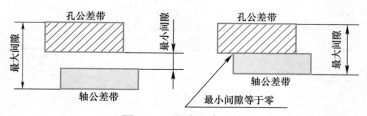

图 1-8　间隙配合示意

2）过盈配合

孔的公差带在轴的公差带之下，孔与轴装配时，具有过盈（包括最小过盈为零）的配合。如图1-9所示。

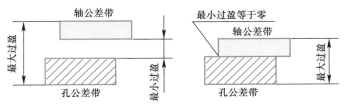

图1-9　过盈配合示意

3）过度配合

孔与轴装配时，可能有间隙或过缀的配合。孔与轴的公差带互相交叠。如图1-10所示。

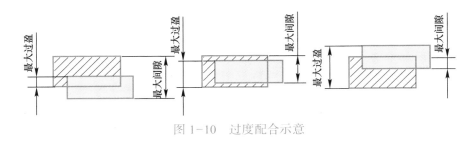

图1-10　过度配合示意

4. 形状和位置公差

零件加工时不但尺寸有误差，几何形状和相对位置也有误差。为了满足使用要求，零件的几何形状和相对位置由形状公差和位置公差来保证。见表1-2。

（1）形状公差：是指单要素的形状对其理想要素形状允许的变动全量。

（2）位置公差：是指关联实际要素的位置对其理想要素位置（基准）的允许变动全量。

形状或位置公差的项目及符号　　　　　　　　　　　　表1-2

公差种类		特征项目	符号	有或无基准要求
形状公差	形状	直线度	——	无
		平面度	▱	无
		圆度	○	无
		圆柱度	⌀	无
形状或位置公差	轮廓	线轮廓度	⌒	有或无
		面轮廓度	⌓	有或无

续表

公差种类		特征项目	符号	有或无基准要求
位置公差	定向	平行度	//	有
		垂直度	⊥	有
		倾斜度	∠	有
	定位	位置度	⊕	有或无
		同轴（同心）度	◎	有
		对称度	=	有
	跳动	圆跳动	↗	有
		全跳动	↗↗	有

（3）形位公差综合标注示例

以图 1-11 中标注的各形位公差为例，对其含义做解释。

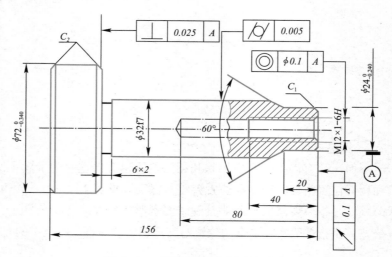

图 1-11　形位公差综合标注示意

$\boxed{\cancel{/}\ |\ 0.005}$ 表示 $\phi32f7$ 圆柱面的圆柱度误差为 0.005mm，即该被测圆柱面必须位于半径差为公差值 0.005 mm 的两同轴圆柱面之间。

$\boxed{◎\ |\ \phi0.1\ |\ A}$ 表示 M12×1 的轴线对基准 A 的同轴度误差为 0.1mm，即被测圆柱面的轴线必须位于直径为公差值 $\phi0.1$mm，且与基准轴线 A 同轴的圆柱面内。

$\boxed{↗\ |\ 0.1\ |\ A}$ 表示 $\phi24$ 的端面对基准 A 的端面圆跳动公差为 0.1mm，即被测面围绕基准线 A（基准轴线）旋转一周时，任一测量直径处的轴向圆跳动量不得大于公差值 0.05mm。

$\boxed{⊥\ |\ 0.025\ |\ A}$ 表示 $\phi72$ 的右端面对基准 A 的垂直度公差为 0.025mm，即该被测面必须位于距离为公差值 0.025mm，且垂直与基准线 A（基准轴线）的两个平行平面之间。

5. 焊接基本符号

基本符号是表示焊缝横截面形状符号及图示符号，详见表 1-3～表 1-6。

横截面焊缝表示代号　　　　　　　　　　表1-3

符号	名称	示意图	符号	名称	示意图
δ	工件厚度	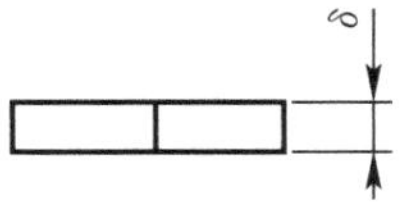	t	焊缝长度	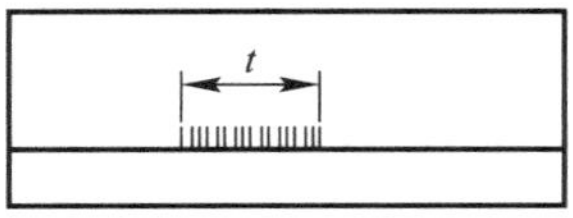
α	坡口角度	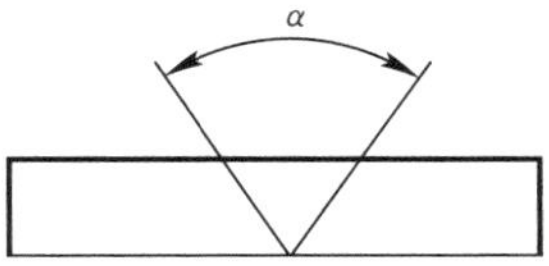	n	焊缝段数	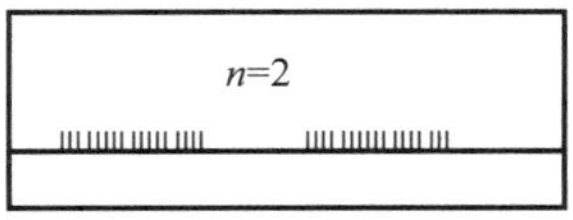 $n=2$
b	根部间隙	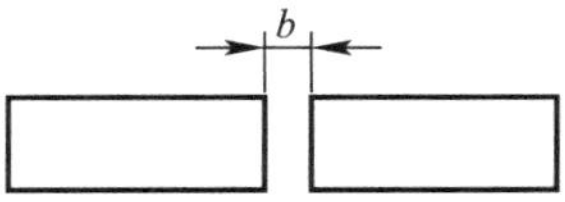	e	焊缝间隙	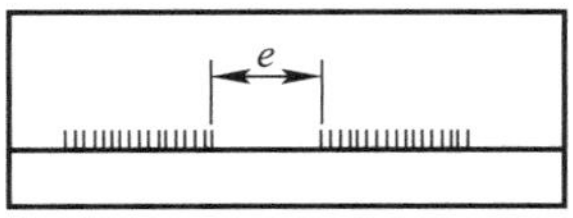
p	钝边	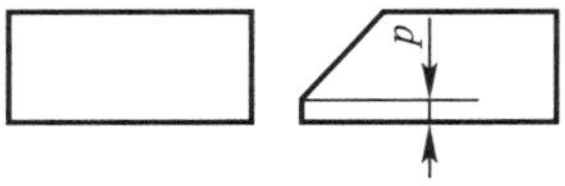	S	焊缝有效厚度	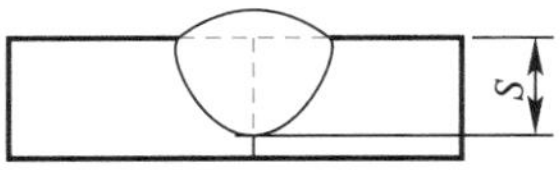
C	焊缝宽度	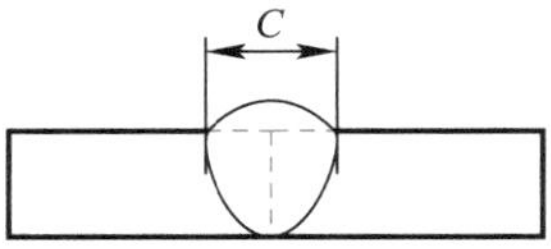	H	坡口深度	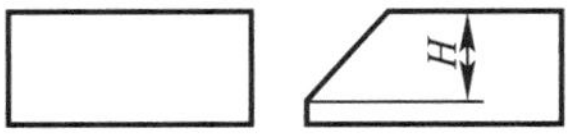
k	焊角尺寸	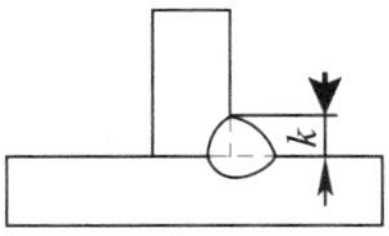	h	余高	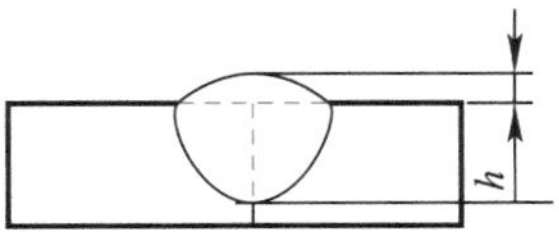

焊缝横截面形状的符号　　　　　　　　　　表1-4

序号	名称	示意	符号
1	I 形焊缝	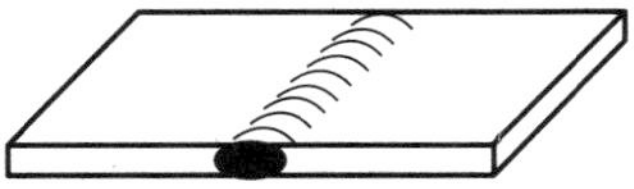	 ‖
2	V形焊缝	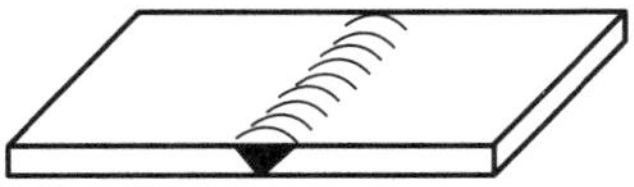	∨
3	单边V形焊缝	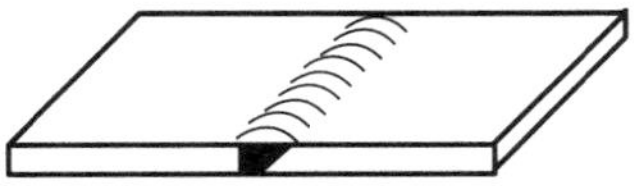	⌵
4	带钝边V形焊缝	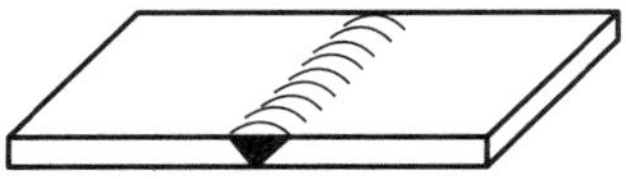	 Y

续表

序号	名称	示意	符号
5	带钝边U形焊缝		∪
6	封底焊缝		⌣
7	角焊缝		◺

焊缝横截面形状补充符号　　　　　　　　　　　　表1-5

序号	名称	示意图	符号	说明
1	带垫板符号			焊缝底部有垫板
2	三面焊缝符号			表示三面带有焊缝，焊接方法为焊条电弧焊
3	周围焊缝符号			表示在现场沿焊件周围焊缝
4	现场符号			表示在现场或工地上进行焊接
5	尾部符号		<	参照《焊接及相关工艺方法代号》GB 5185—2005标注焊接工艺方法等内容

焊缝基准线图示符号　　　　　　　　　　　　表1-6

序号	坡口及焊缝名称	图样标注符号
1	不开坡口对接单面焊缝	
2	不开坡口对接双面焊缝	
3	不开坡口对接单面焊缝（带垫板）	

续表

序号	坡口及焊缝名称	图样标注符号
4	V形坡口对接双面焊缝（封底）	
5	U形坡口对接单面焊缝	
6	X形坡口对接双面焊缝	
7	不开坡口单面角焊缝	
8	不开坡口双面角焊缝	

任务 1.1.2 齿轮传动及润滑

1. 齿轮传动概述

齿轮传动是近现代机械中用得最多的传动形式之一，用来传递空间任意两轴之间的运动和动力。与其他传动形式相比较，齿轮传动的主要特点：保证传动比恒定不变；适用载荷与速度范围广；结构紧凑；效率高，$n=0.94\sim0.99$；工作可靠且寿命长；对制造及安装精度要求较高；当两轴间距离较远时，采用齿轮传动较笨重。齿轮传动的分类方法很多。如图 1-12 所示。

按照两轴线的相对位置及齿形不同可分为：平面齿轮传动、相交轴齿轮传动、交错轴齿轮传动。

按齿轮的工作情况，齿轮传动可分为开式齿轮传动（齿轮完全外露）和闭式齿轮传动（齿轮全部密闭于刚性箱体内）。开式齿轮传动工作条件差，齿轮易磨损，故宜用于低速传动；闭式齿轮传动润滑及防护条件好，多用于重要场合。

齿轮传动按照圆周速度可分为：低速传动，$v<3\text{m/s}$；中速传动，$v=3\sim15\text{m/s}$；高速传动，$v>15\text{m/s}$。

2. 标准直齿轮圆柱齿轮各部分名称及代号

如图 1-13 所示，标准直齿圆柱齿轮上每一个用于啮合的凸起部分称为轮齿，每个轮齿都具有两个对称分布的齿廓。一个齿轮的轮齿总数称为齿数，用 z 表示。齿轮上两相邻轮齿之间的空间称为齿槽，在任意直径为 d 的圆周上，齿槽的弧线长称为该圆上的齿槽宽，用 e_k 表示。在任意径为 d 的圆周上，齿轮上轮齿左右两侧齿廓间的弧长称为该圆上的齿厚，用 s_k 表示。相邻两齿对应点之间的弧线长称为该圆上的齿距，用 p_k 表示，

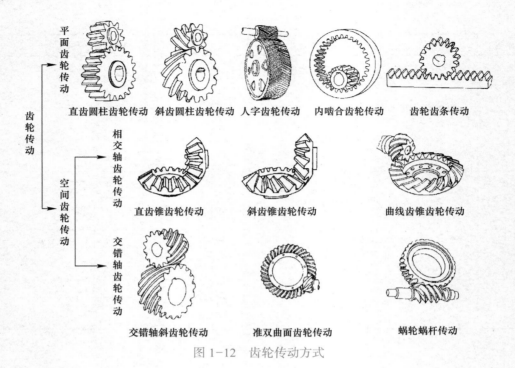

平面齿轮传动

| 直齿圆柱齿轮传动 | 斜齿圆柱齿轮传动 | 人字齿轮传动 | 内啮合齿轮传动 | 齿轮齿条传动 |

齿轮传动

空间齿轮传动

相交轴齿轮传动

直齿锥齿轮传动　　斜齿锥齿轮传动　　曲线齿锥齿轮传动

交错轴齿轮传动

交错轴斜齿轮传动　　准双曲面齿轮传动　　蜗轮蜗杆传动

图 1-12　齿轮传动方式

$p_k = e_k + s_k$。过所有齿顶端的圆称为齿顶圆，其直径用 d_a 表示；过所有齿槽底边的圆称为齿根圆，其直径用 d_f 表示。

为了计算齿轮各部分尺寸，在齿轮上选择一个圆作为尺寸计算的基准，该圆称为齿轮的分度圆，其直径用 d 表示。分度圆上的齿厚、齿槽宽和齿距分别用 s、e 和 p 表示，且 $p = s + e$。

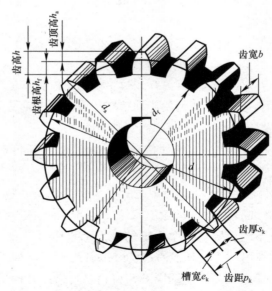

图 1-13　直齿轮圆柱齿轮各部分名称及代号

3. 标准直齿轮圆柱齿轮基本参数

齿轮各部分尺寸很多，但决定齿轮大小和齿形的基本参数只有 5 个，即齿轮的齿数 z、模数 m、压力角 a、齿顶高系数 $h*$ 及顶隙系数 $c*$。上述参数除齿数外，均已标准化。

（1）齿轮模数 m

将分度圆上的比值 p/π 人为地规定成标准数值，用 m 表示，并称之为齿轮模数。即 $m = p/\pi$，单位为 mm。

齿轮分度圆直径表示为 $d = zp/\pi = zm$。当齿数相同时，模数越大，齿轮的直径越大，因而承载能力也就越高。

（2）压力角

分度圆上的压力角规定为标准值。我国标准规定 $\alpha = 20°$，此压力角就是通常所说的齿轮的压力角。

（3）齿顶高系数 h_a^* 和顶隙系数 c^*

齿轮的齿顶高、齿根高都与模数 m 成正比。即：

$$h_a = h_a^* m$$
$$h_f = (h_a^* + c^*)m$$
$$h = (2h_a^* + c^*)m$$

式中　　h_a^*——齿顶高系数；

　　　　c^*——顶隙系数。

齿顶高系数和顶隙系数有两种标准数值，即：

1）正常齿制：$h_a^* = 1$，$c^* = 0.25$。

2）短齿制：$h_a^* = 0.8$，$c^* = 0.3$。

顶隙 $c = c^* m$，是指在齿轮副中，一个齿轮的齿根圆柱面与配对齿轮的齿顶圆柱面之间在中心连线上的距离。

凡模数、压力角、齿顶高系数与顶隙系数等于标准数值，且分度圆上齿厚 s 与齿槽宽相等的齿轮，称为标准齿轮。

4. 齿轮传动失效形式

齿轮传动的失效形式主要是齿轮失效，常见的失效形式有轮齿折断、齿轮磨损、齿面点蚀、齿面胶合及塑性变形等。

（1）齿轮折断

当齿轮反复受载时，齿根部分在交变弯曲应力作用下将产生疲劳裂纹，并逐渐扩展，致使齿轮折断，这种折断称为疲劳折断。如图 1–14 所示。

齿轮短时严重过载也会发生轮齿折断，称为过载折断。

（2）齿面磨损

当其工作面间进入硬屑粒（如砂粒、铁屑等）时，将引起齿面磨损，磨损将破坏渐开线齿形，齿侧间隙加大，引起冲击和振动。严重时会因轮齿变薄，抗弯强度降低而折断。如图 1–15 所示。

措施：采用闭式传动、提高齿面硬度、减少齿面粗糙度及采用清洁的润滑油，均可

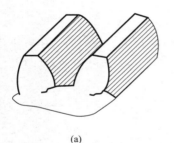
(a)

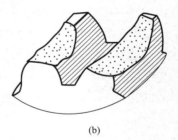
(b)

图 1-14　齿轮疲劳折断

（a）整体折断；（b）局部折断

减轻齿面磨损。

（3）齿面点蚀

轮齿进入啮合后，齿面接触处会产生接触应力，致使表层金属微粒剥落，形成小麻点或较大凹坑，这种现象被称为齿面点蚀。如图 1-16 所示。

措施：提高齿面硬度和润滑油黏度，降低齿面粗糙度值等可提高轮齿抗疲劳点蚀能力。在开式齿轮传动中，由于磨损较快，一般不会出现齿面点蚀。

磨损厚度

图 1-15　齿面磨损

图 1-16　齿面点蚀

（4）齿面胶合

在高速重载齿轮传动中，齿面间的高压、高温使润滑油黏度降低，油膜破坏，局部金属表面直接接触并互相粘连的现象，继而又被撕开而形成沟纹，这种现象称为齿面胶合。如图 1-17 所示。

措施：提高齿面硬度和降低表面粗糙度值，限制油温、增加油黏度，选用加有抗胶合添加剂的合成润滑油等方法。

（5）塑性变形

当轮齿材料较软且载荷较大时，轮齿表层材料在摩擦力作用下，因屈服将沿着滑动方向产生局部的齿面塑性变形，导致主动轮齿面节线附近出现凹沟，从动轮齿面节线附近出现凸棱，使轮齿失去正确的齿形，影响齿轮正常啮合。

措施：提高齿面硬度、采用黏度较高的润滑油，有助于防止轮齿产生塑性变形。如图 1-18 所示。

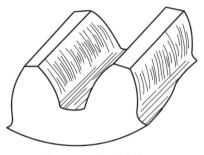

图 1-17　齿面胶合

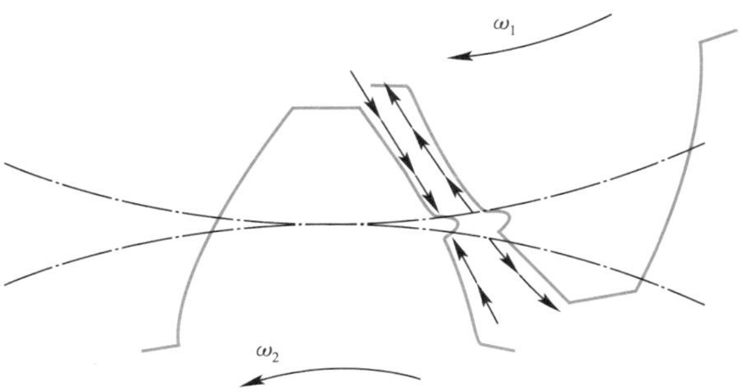

图 1-18　齿面塑性变形

5. 轮廓曲面啮合特点

（1）由于渐开线直齿圆柱齿轮传动时，轮齿是沿整个齿宽同时进入啮合或脱离啮合，所以载荷是沿齿宽突然加上或卸掉。因此，直齿圆柱齿轮传动的平稳性较差，容易产生冲击和噪声，不适用于高速、重载传动。如图 1-19 所示。

（2）斜齿轮不论两齿廓在何位置接触，接触线是与轴线倾斜的直线，轮齿沿齿宽逐渐进入啮合又逐渐脱离啮合。齿面接触线的长度也由零逐渐增加，又逐渐缩短，直至脱离接触。因此，斜齿轮传动的平稳性比直齿轮好，减少了冲击、振动和噪声，在高速大功率的传动中广泛应用。如图 1-20 所示。

图 1-19　直齿圆柱齿齿廓啮合

图 1-20　斜齿圆柱齿齿廓啮合

6. 齿轮传动润滑

齿轮传动中，相啮合的齿面间有相对滑动，会发生摩擦和磨损，增加动力消耗、降低传动效率，因此需考虑齿轮的润滑。

（1）开式及半开式齿轮传动通常采用人工定期加油润滑，润滑剂可以采用润滑油或润滑脂。

（2）闭式齿轮传动的润滑方式，一般根据齿轮的圆周速度 v 的大小而定。

1）当 $v \leqslant 12 \text{m/s}$ 时，多采用油池润滑（图 1-21a）所示，即将大齿轮的轮齿浸入油池，齿轮传动时，大齿轮把润滑油带到啮合的齿面上，同时也将油甩到箱壁上，借以散热。浸入油中深度约一个全齿高，但不应小于 10mm。浸油过深则齿轮运动阻力增大并使油温升高，对于锥齿轮应浸入全齿宽。在多级齿轮传动中，当几个大齿轮直径不相等时，可以采用带油轮将润滑油带到未浸入油池内的齿轮齿面上。如图 1-21（b）所示。

2）当 $v > 12 \text{m/s}$ 时，不宜采用油池润滑。这是因为圆周速度过高，齿轮上的油大多被甩出去而达不到啮合区；搅油过于剧烈，使油的温升增加、润滑性能降低；会搅起箱底沉淀的杂质，加速齿轮的磨损。因此，最好采用压力喷油润滑（图1-21c），即通过油路把具有一定压力的润滑油喷到轮齿的啮合面上。

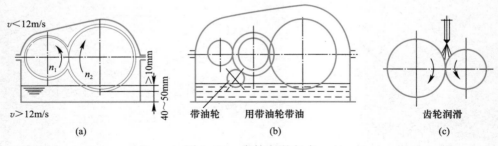

图1-21　齿轮润滑方式

（a）油池润滑；（b）带油轮润滑；（c）压力喷油润滑

任务 1.1.3　减速器

1. 概述

减速器在原动机和工作机或执行机构之间起匹配转速和传递转矩的作用，减速器是一种相对精密的机械，使用它的目的是降低转速，增加转矩。

减速器是一种由封闭在刚性壳体内的齿轮传动、蜗杆传动、齿轮－蜗杆传动所组成的独立部件，常用作原动机与工作机之间的减速传动装置。在原动机和工作机或执行机构之间起匹配转速和传递转矩的作用，现机械中应用极为广泛。

2. 工作原理

减速器一般用于低转速、大扭矩的传动设备，把电动机、内燃机或其他高速运转的动力，通过减速器的输入轴上的小齿轮（齿数少）啮合输出轴上的大齿轮达到减速的目的，大小齿轮的齿数之比，称为传动比。

3. 分类

减速器是一种相对精密的机械，使用它的目的是降低转速、增加转矩。它的种类繁多、型号各异，不同种类有不同的用途。

减速器按照传动的类型可分为：齿轮减速器、蜗杆减速器、行星减速器、摆线齿轮减速器、谐波齿轮减速器等；按照传动的布置形式可分为：展开式、分流式和同轴式减速器；按照级数不同可分为：单级和多级减速器。如图1-22所示。

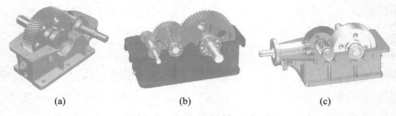

图1-22　滚子链轴面齿形

（a）单级齿轮减速器；（b）两级齿轮减速器；（c）圆锥－圆柱齿轮

单元 1.2　BIM 技术基础应用

任务 1.2.1　BIM 基础知识与操作

BIM（建筑信息模型，Building Information Modeling）技术，最早是由 Autodesk 公司率先提出，目前已得到国内外的广泛认可，是以三维数字技术为基础，集成建设工程项目各种相关信息的工程数据模型，同时又是一种应用于设计、建造、管理的数字化技术。如图 1-23 所示。

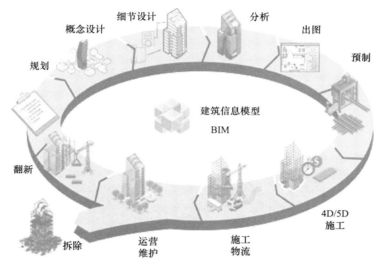

图 1-23　BIM 技术应用于建筑全生命周期

BIM 是在开放的工业标准下对设施的物理和功能特性及其相关的项目全寿命周期信息的可计算、可运算的形式表现，从而为决策提供支持，以更好地实现项目的价值。基于 BIM 应用为载体的工程项目信息化管理，可以提升项目生产效率、提高建筑质量、缩短工期、降低建造成本。BIM 技术被一致认为有五大特点：

（1）可视化；

（2）协调性；

（3）模拟性；

（4）优化性；

（5）可出图性。

BIM 技术的实施需要借助不同的软件来实现，目前常用 BIM 软件的数量较多。对这些软件，很难给予一个科学、系统、精确的分类，美国总承包商协会（Associated General Contractors of American，AGCA）将 BIM 软件分为八大类：

（1）概念设计和可行性研究软件；

（2）BIM 核心建模软件；

（3）BIM 分析软件；

（4）加工图和预制加工软件；

（5）施工管理软件；

（6）算量和预算软件；

（7）计划软件；

（8）文件共享和协同软件。

Revit 是 Autodesk 公司专为 BIM 技术应用而推出的专业产品，本单元介绍的 Revit 2018 是单一应用程序，集成了建筑、结构、机电三个专业的建模功能。

现以 Revit 2018 为基础，介绍 Revit 软件的基础操作，具体包括开启和关闭软件、熟悉软件操作界面、熟悉软件文件类型、使用修改编辑工具。

图 1-24　Revit 2018 图标

1. 开启和关闭软件

通过双击桌面或启动菜单的 Revit 2018 图标（图 1-24），就可以启动软件。在启动界面中可以看到最近使用的文件。如图 1-25 所示。

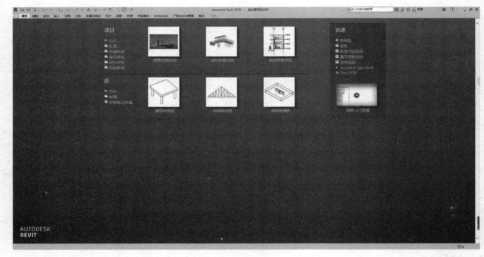

图 1-25　Revit 2018 启动界面

如果要关闭软件，可以点击软件界面右上角的关闭按钮。

2. 熟悉软件项目编辑界面

在启动界面通过新建或打开项目，进入软件项目编辑界面。如图 1-26 所示。

3. 熟悉软件文件类型

Revit 中主要的文件类型有 4 种，分别是项目文件、样板文件、族文件和族样板文件。

（1）项目文件

项目文件是 BIM 模型存储文件，其后缀名为 ".rvt"。在 Revit 软件中，所有的设计模

图 1-26　Revit 2018 软件项目编辑界面

型、视图及信息都被存储在 Revit 项目文件中。

（2）样板文件

样板文件是建模的初始文件，其后缀名为".rte"。不同专业不同类型的模型需要选择不同的样板文件开始建模，样板文件中定义了新建项目中默认的初始参数，例如默认的度量单位、楼层数量的设置、层高信息、线型设置、显示设置等。Revit 允许用户自定义样板文件，并保存为新的".rte"文件。

（3）族文件

族文件的后缀名为".rfa"，族文件可以通过应用程序菜单中新建。Revit 项目文件中的门、窗、楼板、屋顶等构件都属于族文件。

（4）族样板文件

族样板文件的后缀名为".rft"，创建可载入族的文件格式，创建不同类别的族要选择不同的族样板文件。

4.使用修改编辑工具

在"修改"选项卡中"修改"面板中提供了常用的修改编辑工具，包括移动、复制、旋转、阵列、镜像、对齐、拆分、删除等命令。如图 1-27 所示。

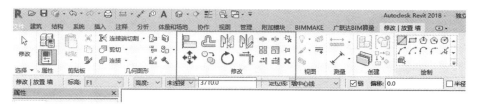

图 1-27　修改编辑工具

任务 1.2.2 BIM 技术建模基础

1. 建模基本流程

（1）初步布局

Revit 软件建模首先从体量研究或现有设计开始，先在三维空间中绘制标高和轴网。

（2）模型制作与深化

模型制作是工作流程中的核心环节，建模的过程应遵循从整体到局部的流程：首先创建常规的建筑构件（柱、墙体、楼板、屋顶等）；然后进行深化设计，添加更多的详细构件（楼梯、家具等）。

（3）模型应用

模型建好后，要发挥其应用价值，应设法从中提取信息数据，并将这些数据应用于设计的各个环节，如漫游、渲染、数据统计等。

2. 建模主要功能模块

（1）标高

在项目中，标高是有限水平平面，用作屋顶、楼板和顶棚等以标高为主体的图元的参照。如图 1-28 所示。

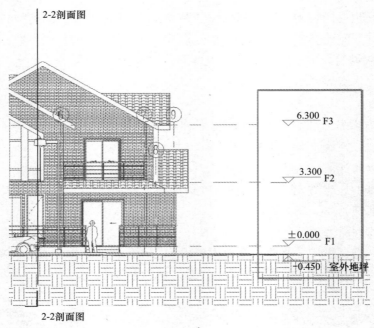

图 1-28 标高

（2）轴网

在项目中，轴网主要用来为墙体、柱等建筑构件提供平、立面位置参照。在 Revit 软件中，可以将其看作有限平面。如图 1-29 所示。

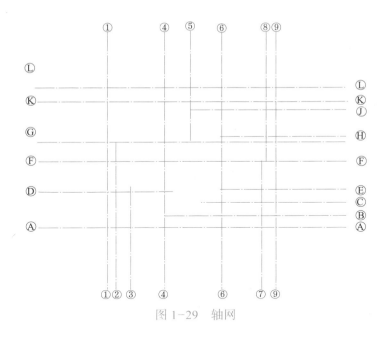

图 1-29　轴网

（3）墙体

墙体是建筑物的重要组成部分，既是承重构件也是围护构件。在绘制墙体时，需要综合考虑墙体的所在楼层、绘制路径、起止高度、用途、材质等各种信息。如图 1-30 所示。

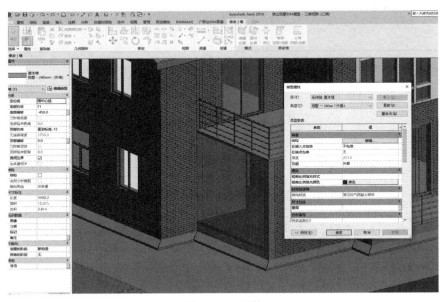

图 1-30　墙体

（4）门、窗

门与窗是建筑的主要构件之一，在 Revit 软件中，需要事先将墙体建好，再进行插入。如图 1-31 所示。

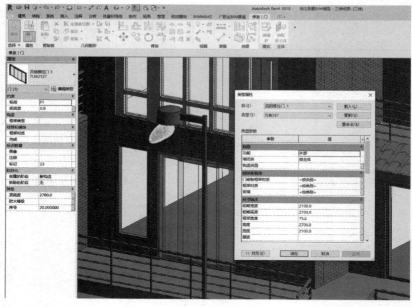

图 1-31　门

（5）楼板

楼板是建筑的主要构件之一，在 Revit 软件中，一般通过描绘边界线方式进行创建，重点关注楼板材质、位置和标高等信息。如图 1-32 所示。

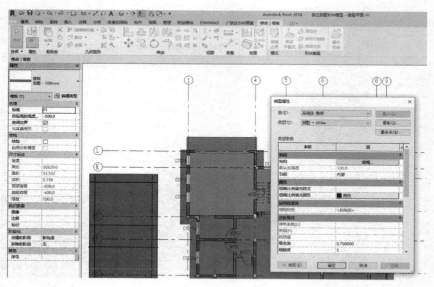

图 1-32　楼板

（6）屋顶

屋顶是建筑的主要构件之一，在 Revit 软件中，一般通过迹线屋顶进行创建，重点关注屋顶材质、坡度和标高等信息。如图 1-33 所示。

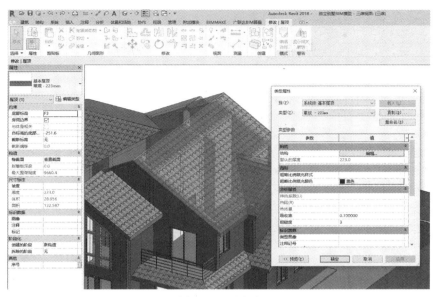

图 1-33　屋顶

（7）楼梯

楼梯和坡道是连接不同高度的建筑构件，楼梯涉及的数据较多，在 Revit 软件中，要认真核查每一个数据。如图 1-34 所示。

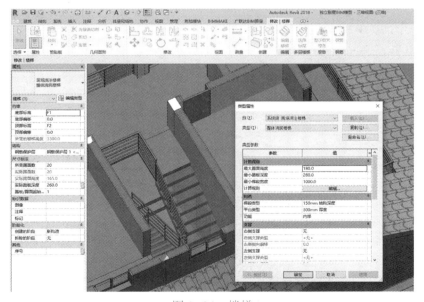

图 1-34　楼梯

（8）柱

柱是建筑的主要构件之一，涉及结构施工图的识读，进而获取准确的截面尺寸、位置、材质等信息。如图 1-35 所示。

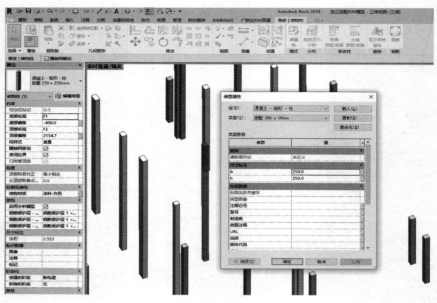

图 1-35　柱

（9）构件（部品）

对家具和卫浴设备等建筑图元，通常需要专门进行建模。在 Revit 软件中，可放置软件自带的构件，也可以自行制作，然后进行放置。如图 1-36 所示。

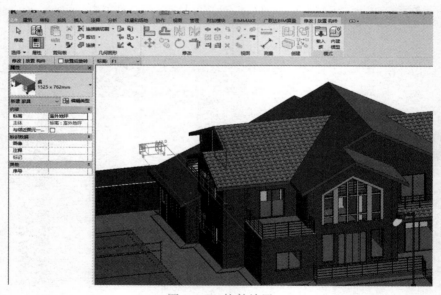

图 1-36　构件放置

（10）场地

在 Revit 中，建筑室外景观部分通常用"场地"选项卡中的命令完成，创建出地形表面、场地构件、停车场构件、建筑地坪等。如图 1-37 所示。

图 1-37　场地

任务 1.2.3　机器人路径设计基础

机器人路径设计，是指依据某种最优准则，在工作空间中寻找一条从起始状态到目标状态，使机器人避开障碍物的最优路径。

1. 路径规划流程

模型建立→路径规划生成→路径三维仿真→下发路径。

机器人路径规划，需根据工艺路径规划书，例如通过 Matlab 程序计算出相关路径点位信息，导出 Json 文件，建立 BIM 模型，在机器人路径云平台进行规划设计。如图 1-38 所示。

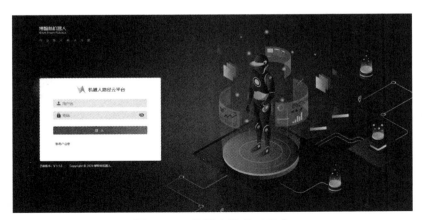

图 1-38　机器人路径云平台

生成路径所需空间信息数据从 BIM 中获取，包含房间高度、剪力墙、柱、梁的位置及尺寸、门窗高度等。根据获取到的各类空间数据信息生成正确合理的作业路径。

2. 路径规划原则

（1）墙面连续作业、墙面有凸柱时，按转角顺序连续喷涂。

（2）大批量柱子作业路径规划时，尽可能不绕路、不重复，提高工效。

（3）既有墙面作业也有批量柱子作业时，先作业墙面或后作业所有独立柱面，可通过参数设置调整路径输出。如图 1-39 所示。

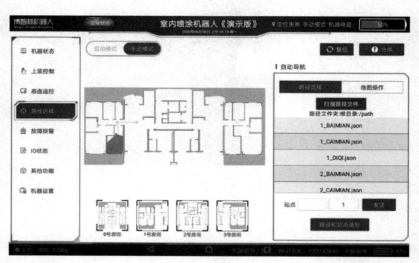

图 1-39　室内喷涂机器人路径规划页面

单元 1.3　三维激光扫描仪

任务 1.3.1　三维激光扫描技术介绍

随着信息技术研究的深入及数字地球、数字城市、虚拟现实等概念的出现，人们对空间三维信息的需求更加迫切。基于测距测角的传统工程测量方法，在理论、设备和应用等诸多方面都已相当成熟，新型的全站仪可以完成工业目标的高精度测量，GPS 可以全天候定位全球任何位置的三维坐标，但它们多用于稀疏目标点的高精度测量。

随着传感器、电子、光学、计算机等技术的发展，基于计算机视觉理论获取物体表面三维信息的摄影测量与遥感技术成为主流，但它在由三维世界转换为二维影像的过程中，不可避免地会丧失部分几何信息，所以从二维影像出发理解三维客观世界，存在自身的局限性。因此，上述获取空间三维信息的手段难以满足应用的需求，如何快速、有效地将现实世界的三维信息数字化并输入计算机成为解决这一问题的瓶颈。三维激光测量技术的出现和发展为空间三维信息的获取提供了全新的技术手段，为信息数字化发展提供了必要的生存条件。

三维激光扫描技术又被称为实景复制技术，作为 20 世纪 90 年代中期开始出现的一项高新技术，是测绘领域继 GPS 技术之后的又一次技术革命，通过高速激光扫描测量的方法，大面积、高分辨率地快速获取物体表面各个点的（x，y，z）坐标、反射率、颜色（GRB 颜色系统）等信息，由这些大量、密集的点信息可快速复建出 1∶1 的真彩色三维点云模型，为后续的内业处理、数据分析等工作提供准确依据，很好地解决了目前空间信息技术发展实时性与准确性的瓶颈。它突破了传统的单点测量方法，具有高效率、高精度的独特优势。

三维激光扫描技术能够提供扫描物体表面的三维点云数据，用于获取高精度、高分辨率的数字地形模型，主要通过高速激光扫描测量的方法，大面积高分辨率地快速获取被测对象表面的三维坐标数据和大量的空间点位信息。三维激光扫描技术使工程大数据的应用在众多行业成为可能，如工业测量的逆向工程、对比检测；建筑工程中的竣工验收、改扩建设计；测量工程中的位移监测、地形测绘；考古项目中的数据存档与修复工程等。

1. 三维激光扫描技术特点

三维激光扫描技术克服了传统技术的局限性，采用非接触主动测量方式直接获取高精度三维数据，能够对任意物体进行扫描，且没有白天和黑夜的限制，快速将现实世界的信息转换成可以处理的数据。它具有扫描速度快、实时性强、精度高、主动性强、全数字特征等特点，可以极大地降低成本、节约时间，而且使用方便，其输出格式可直接与 CAD、三维动画等工具软件接口。目前，生产三维激光扫描仪的公司有很多，它们各自的产品在测距精度、测距范围、数据采样率、激光点大小、扫描视场、激光等级、激光波长等指标会有所不同，可根据不同的情况如成本、模型的精度要求等因素进行综合考虑之后，选用不同的三维激光扫描仪产品。

三维激光扫描仪可以快速获取实物表面每个采样点的三维坐标数据。采集到的点云数据经过处理，可以直接用作点云三维场景虚拟漫游。对于非接触测量，如危险领域的测量、重要文物的测量，三维激光扫描技术能很好地满足要求。所记录的信息全面、细致、便于长期保存与查阅。与传统测绘方式相比，三维激光扫描技术具有如下技术特点：

（1）快速性。三维激光扫描技术能快速地获取目标物体表面的空间坐标数据，进行空间数据的采集。不同型号的扫描仪扫描速度不同，一般测绘领域所用的扫描仪每秒采样个数不少于几千个。

（2）实时性。由于三维激光扫描技术有快速性的特点，因此获取的数据能实时地展现出来，可以做到动态的监测。

（3）高密度性。三维激光扫描技术可以高密度地获取实物表面特征。采样点间距很小，获取的点云分布均匀，最小点间距甚至可达 0.1mm，这样的采样密度完全可以较完整地记录目标表面的特征信息。

（4）高精度性。激光测距技术的迅速发展，使得三维激光扫描技术能达到非常高的测距精度，通过提高仪器内部激光发射角度的精度，即可大大提高扫描仪的点位精度。工业模具、医疗器材等方面使用的三维激光扫描仪获取的点位精度可精确到亚毫米级，测绘领域使用的中长距三维激光扫描仪一般是达到毫米级精度。

（5）数字化、自动化。扫描仪操作不仅可完全由计算机进行，操作起来简单方便，而且所获取的数据信息是全数字化的，扫描获取的点云数据可以实时地显示出来，方便及时查看。

（6）非接触性。该技术无需像传统测量一样需要在目标架设棱镜，能在不接触目标的前提下获取其表面的三维信息。这一特征使得其广泛应用于在危险领域的测量、重要文物的测量。

（7）工作环境要求低。一般扫描仪都具有防震动、潮湿、辐射等性能，而且能在黑暗的条件下工作，所以扫描仪有利于在各种环境下持续作业。

2. 三维激光扫描技术发展

激光雷达（Light Detection and Ranging，简称 LIDAR）是利用激光测距原理确定目标空间位置的新型测量仪器，通过逐点测定激光器发射信号与目标反射信号的相位（时间）差来获取激光器到目标的直线距离，再根据发射激光信号的方向和激光器的空间位置来获得目标点的空间位置。通过激光器对物体表面的密集扫描，可获得物体的三维表面模型。三维激光扫描测绘技术的测量内容是高精度测量目标的整体三维结构及空间三维特性，并为所有基于三维模型的技术应用而服务；传统三维测量技术的测量内容是高精度测量目标的某一个或多个离散定位点的三维坐标数据及该点三维特性。

前者不仅可以重建目标模型及分析结构特性，并且进行全面的后处理测绘及测绘目标结构的复杂几何内容，如：几何尺寸、长度、距离、体积、面积、重心、结构形变，结构位移及变化关系、复制、分析各种结构特性等；而后者仅能测量定位点数据并且测绘不同定位点间的简单几何尺寸，如：长度、距离、点位形变、点位移等。

按照空间位置分类，三维激光扫描设备可分为：机载类和地面类。

3. 三维激光扫描技术数据处理

利用三维激光扫描仪获取的点云数据构建实体三维几何模型时，不同的应用对象、不同点云数据的特性，三维激光扫描数据处理的过程和方法也不尽相同。概括地讲，整个数据处理过程包括数据采集、数据预处理、模型重建和模型可视化。

（1）数据采集是模型重建的前提。

（2）数据预处理为模型重建提供可靠精选的点云数据，降低模型重建的复杂度，提高模型重构的精确度和速度。数据预处理阶段涉及的内容有：点云数据的滤波、点云数据的平滑、点云数据的缩减、点云数据的分割、不同站点扫描数据的配准及融合等。

（3）模型重建阶段涉及的内容有：三维模型的重建、模型重建后的平滑、残缺数据的处理、模型简化和纹理映射等。

实际应用中，应根据三维激光扫描数据的特点及建模需求，选用相应的数据处理策略和方法。

4. 三维激光扫描技术应用领域

基于三维激光扫描技术诸多特点，使得该技术在众多领域得到广泛的应用。

（1）建筑文物保护领域

三维激光扫描技术不直接接触被测物体，使其能够在不损伤物体的前提下获取文物的外形尺寸和表面特征纹理，这样获取文物的信息数据，不仅易于保存，并且能随时得到文物的等值线、断面等。当文物遭到破坏或者需要重建时，能提供准确又全面的数据。

（2）数字城市等虚拟现实领域

虚拟三维漫游系统中，模型主要靠人工手动构造，不仅工作量巨大，而且所建模型真实感差、模型精度低。三维激光扫描技术则不仅可采集目标物体表面真实的点云数据，提供与真实物体十分相似的模型，并且模型尺寸大小都与真实值一致，每个部位有其在真实世界的大地坐标。

（3）变形监测方面

传统的变形监测一般采用 GPS、全站仪进行，不仅需要在目标变形体上布设监控点，而且监控点的数量有限，很难完全体现整个变形体的变形情况。在一些危险地方，如滑坡、岩崩等地，不能布设监控点，三维激光扫描技术则可以解决这一系列问题，其非接触式测量，无需布设监控点，同时还能获取海量的点云数据，所获取数据能很好地体现整个变形体的变形情况。

（4）医学和工业领域

大多采用短距离、精度高的扫描仪，其测距原理一般为激光三角法，精度达亚毫米级，应用在外科整形、矫正手术、人体测量、工业模具设计等方面。

（5）减灾应用

由于环境的破坏，自然灾害频频发生，三维激光扫描技术能收集非常全面的数据作为第一手现场资料，模拟出现场三维场景，方便找出灾害发生原因。

任务 1.3.2　三维激光扫描仪资料参数

数据采集主要分为站点的设置和设置参数并进行扫描。

1. 站点设置

为了完整地扫描好物体，在设置站点时需要考虑到以下问题：

（1）因为最后要在同一坐标系下把不同站点的扫描数据拼接起来，所以扫描时，应使每两站扫描的点云数据之间有重叠的部分，重叠部分在 10%～20% 最为合适。

（2）扫描站点要尽量减少树和灌木丛的遮挡，点与点之间能够互补，与扫描物之间避免遮挡和不可视区域。

（3）站点设置不宜太近或太远，虽然扫描仪最远距离可到达 110m，但如果没有特殊工作要求，一般保持在 4～20m 内最为合适。

2. 点云数据采集

数据采集之前需要到扫描现场进行实地踏勘。获取扫描对象的外形特征、空间位置等信息，根据需要的扫描精度和密度要求来确定扫描测站布设方案。

合理地布设扫描站点，不仅可以减少数据冗余，还可以为点云拼接时提供良好的重叠数据，提供拼接精度，并且可以提高外业采集效率。通常，布设扫描测站时需要综合考虑以下几个方面的因素：

（1）三维激光扫描仪的最佳工作范围

从仪器的相关参数上看到扫描仪的有效扫描范围很大，但由于外界环境因素的影响，扫描仪很难达到其最大的有效扫描范围。因此，在实际作业中，要求两个相邻的扫描站点的空间距离小于扫描仪的最佳工作范围。

（2）尽量保证扫描角

若目标实体表面倾斜或表面粗糙不光滑，当扫描仪发射出的激光脉冲信号抵达目标物体表面发生激光反射时，则会造成一定的距离和角度偏差。因此在布设扫描测站点时，应尽量避免扫描角倾角过大。

（3）数据的重叠度

点云拼接的时候需要公共部分，为保证点云拼接的最低要求和点云数据的完整性，各个扫描站点之间要求在 20%～30% 的重叠度。数据的重叠度也并非越大越好，因为重叠部分点云的点位误差要大于单站扫描点云的点位误差，若点云重叠度过大，不仅外业工作效率低，而且会加大内业数据处理难度。

（4）考虑与控制点的配合

扫描点的布设需要适当考虑测站控制点的问题，以提高点云数据的拼接精度。有的拼接方法需要靶标和仪器测站的坐标，有的拼接方法则需要两个测站间至少有 3 个公共靶标，这样一来，扫描站点的布设就需要考虑到扫描测站的通视问题。

（5）考虑遮挡物

扫描过程中会有个无法避免的问题——遮挡。比如行人、车辆、树木等，扫描时应注意这些遮挡物。不可避免的遮挡部分可以依赖其他测站获取其点云数据；可避免的遮挡物，如行人、车辆等，可以选择被遮挡区域补充扫描。

（6）数据采集质量

数据采集质量会直接影响到最终成果质量，要获取精确、冗余度低的数据，则必须在数据采集过程中减少人为误差。

1）扫描前应确保电瓶（或扫描仪电池）电量充足。将脚架放置在设计好的测站点上，对中整平后，将扫描仪架设在脚架上，将扫描仪连接上笔记本电脑和电源，根据实际条件升降脚架至适合的高度，打开仪器，扫描仪开始预热、自检、自动整平。

2）打开扫描控制软件，建立软件与扫描仪的链接。然后新建扫描工程，输入工程名称后，编辑工程的属性信息，输入正确的仪器 IP 地址、设置相机型号等，然后进入扫描阶段。

3）扫描过程一般分为 4 个阶段：

① 粗略扫描：以较低扫描分辨率快速进行 360°全景扫描，时间大概在 10s 内。

② 精细扫描：在全景扫描的二维图上选择需要扫描的区域，以项目所需要的分辨率进行时间较长的高分辨率扫描。其目的是在最短的时间内获取最有效的目标点云数据。

③ 精扫靶标：为保证点云数据的拼接精度，需对后视靶标进行高分辨率扫描，精确后视点靶标的中心位置。RisCAN PRO 软件能自动提取后视靶标的中心坐标。

④ 照片获取：激光扫描仪上可固定装配数码相机，经校正后，用其来采集照片，提供对应扫描点云数据的真实纹理信息。

三维激光扫描仪扫描流程图，如图 1-40 所示。

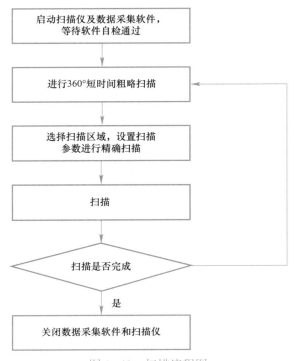

图 1-40　扫描流程图

3. 点云数据导入与配准

由于扫描的真实场景一般范围较大，扫描时只能通过设站依次扫描每一站，所以每次扫描后的点云数据各自处于不同的坐标系。而三维建模时则需要把所有扫描结果放在同一坐标系下，这时就需要对这些不同坐标系下的点云数据进行拼接、配准，打开 Trimbel RealWorks，点击"文件"菜单的"导入"命令，找到扫描数据文件夹导入各站点云。点云文件导入后，在列表栏中依次选择两站点云数据进行配准，配准时在两站点云数据之间选择 3 组共同点进行拼接。依此类推，最终生成同一坐标系下的点云数据。

4. 点云数据处理

点云数据的处理主要分为以下几个部分：

（1）处理杂点。杂点即测量时的错误点，是三维激光扫描仪扫描过程中不可避免地明显偏离被测对象的一些孤立的点，放大点云数据后就可以看见这些杂点分布在被测物体四周。对这样的点，一般使用分离点或轮廓功能将其选择后再删除。

（2）去除噪声。有许多因素可促使产生噪声点，包括由被测对象表面因素产生的误差、由扫描系统本身引起的误差、测量方法的缘故、扫描仪受到震动、测量数据存在系统误差和随机误差，也有可能是由偶然噪声引起误差。为了让点云数据更加平滑，需要用"去噪"功能去除这些噪声点。

（3）处理冗余点。冗余点是拼接或测量角等问题而产生重叠的多余点。对配准之后的模型使用去除特征的功能检测出这些冗余点，然后进行处理。

（4）优化点云数量。点云数据是多个站点的点云数据的配准总和，数量很大，可以通过重采样将点云数据数量进行优化。将处理好的云数据导出成相应格式的文件，便可在 3ds Max 中使用。

任务 1.3.3　三维激光扫描仪建筑建模

三维激光扫描仪作为一种新的空间数据获取手段，可高速、高精度获取物体表面的三维坐标值和纹理信息，正在被广泛用于建筑建模领域。

1. 在历史建筑物建模中应用

优秀历史建筑的保护是地面三维激光扫描技术最早的应用领域之一，对历史建筑进行数据采集、建模，进而对其修葺和保护，具有重要意义。

历史建筑测绘需要测绘其形状、大小和空间位置，以及相应的平面图、立面图和剖面图等。传统的手工测绘方法精度低、容易损坏建筑物。近景摄影测量方法数据获取方法不够灵活，且需要复杂的处理才能够得到成果。三维激光扫描技术通过高速激光测距，瞬时测得空间三维坐标值，获取空间点云数据，更真实地还原被测对象的原形原貌。三维激光扫描技术为优秀历史建筑保护提供了"真三维、真尺寸、真纹理"的数字化模型。

案例：某历史建筑需要进行三维激光扫描进行建筑物三维建模，先用三维激光扫描仪采集建筑物的空间和纹理数据；再将所有的三维数据转换到同一坐标系下；最后，通过对点云数据的处理，生成三维网格，建立数字化模型。

（1）三维数据采集

1）控制网布设

建筑物需要多站扫描，每一站的数据之间没有联系，为了获取系统统一的三维模型，需要把各站扫描的数据转换到同一坐标系下，因此需要布设控制网。控制网的布设遵循城市测绘控制网布设原则，覆盖整个测区，优先闭合导线形式进行布设。在测区内布设控制点，其目的是便于将扫描坐标系统一到外部坐标系下，控制点间要求通视良好，各点间距离大致相等，控制点的选择应利于仪器安置并不易受外界环境影响，平面控制按二级导线施测，高程控制按三等水准施测，经简易平差得到各控制点的三维坐标。在控制点附近选择扫描站点，每个扫描站点应能最大范围地扫描到目标场景，尽量确保每个扫描站点上没有被遮挡区域。根据测量要求和实际情况，在测区内布设标靶，应将标靶布设在重叠区域内，并且至少需要布设 3 个标靶，布设标靶时应注意不能将其安置在一条直线上。在控制网的布设过程中要绘制测区草图，标明控制点、扫描站点和标靶位置，以便数据后续处理时参考。

2）数据配准

数据配准（Data Registration）是将 2 个或 2 个以上坐标系中的三维空间数据点集转换到统一坐标系统中的数学计算过程，由于每一站所获得的点云数据是处于扫描站坐标系下，且每一站坐标系是相对独立的，为了得到整个建筑物的点云模型，必须将每一站扫描坐标系下的点云数据转换至同一坐标系下。

数据配准方法：用架设在控制点上的电子全站仪测量出设置在墙面上的标靶靶心坐标，此时的坐标为全站仪坐标系下的坐标；用扫描仪自带的扫描软件提取墙面上的标靶，并解算出靶心坐标，此时其坐标为扫描仪坐标下的靶心坐标，通过 2 个坐标系下的靶心坐标转换，求出全站仪坐标系和扫描仪坐标系的旋转矩阵，然后把各站扫描所得的点云数据统一转换到全站仪坐标系下。坐标转换过程使用的公式为：

$$\begin{bmatrix} X_t \\ Y_t \\ Z_t \end{bmatrix} = \lambda \begin{bmatrix} a_1 & a_2 & a_3 \\ b_1 & b_2 & b_3 \\ c_1 & c_2 & c_3 \end{bmatrix} \begin{bmatrix} X_s \\ Y_s \\ Z_s \end{bmatrix} + \begin{bmatrix} \Delta X \\ \Delta Y \\ \Delta Z \end{bmatrix}$$

式中 (X_t, Y_t, Z_t) ——靶心点在全站仪测量坐标系下坐标；

(X_s, Y_s, Z_s) ——靶心在扫描仪坐标下的坐标；

λ ——模型缩放比例因子；

a_1，b_1，c_1——坐标轴系 3 个转角的方向余弦；

$\Delta X, \Delta Y, \Delta Z$ ——坐标原点的平移量。

（2）点云数据预处理

点云数据的预处理包括对点云数据的去噪、修补，经过预处理后点云数据的质量直接决定着模型的质量。对噪声的处理需要手动和软件处理相结合，并设置合适的距离阈值，对噪声点进行删除。在对空洞修补过程中，要注意点云密度的调整，密度过大、生成的三角形面片过多，会影响后期处理的效率。

1）去除噪声

对目标建筑物数据去噪是为了去除测量噪声、遮挡物（如树木）等影响，得到建筑物实际数据。首先辨别激光扫描回波信号强度，低于阈值时，距离信号值无效；再利用中值滤波剔除奇异点，利用曲面拟合去除前端遮挡物，通过上述方法处理，可以剔除原始点云数据中的错误点和含有粗差的点。

人工去噪和扫描仪软件去噪相结合的方法：对大范围的噪声用手工去除，对于物体边缘的噪声通过设置扫描仪至研究对象的距离范围进行删除，但必须设置合适的阈值。此时建筑物的墙体模型可以清晰地表现出来。

2）填补漏洞

去除噪声后的点云还会存在数据的遗漏区域，这些遗漏区域称为"空洞"。空洞的形成是由于对目标扫描时，存在死角或者其他物体的遮挡。可利用线性插值的方法对空洞进行填补。值得注意的是，填补空洞后要调整新生成的点及其周围点的密度。

（3）三维建模

地面三维激光扫描仪最初多用于工业上的逆向工程中，目的是重建实物的数字模型，获取相应的几何信息。通过对历史建筑物的三维建模，可真实地反映对象的纹理、尺度、信息，并在模型上对不同特征进行量测，便于对建筑物进行修葺和保护。

1）点云拟合

对点云数据进行拟合，生成三角形格网（面片），此阶段的处理包括以下过程：在拟合过程中要设定一定的距离阈值，小于此阈值的点云数据会形成空洞，可以通过调整点云的邻域关系对格网进行修补。同时由于相邻格网之间存在着领域关系和一定的拓扑关系，在拟合过程中造成模型的扭曲表达。

由于部分区域存在点云数据的堆积，在生成三角形格网的时候会造成格网的冗余，需要对此区域的冗余格网进行删除，可以通过删除点云或者拉伸特征边实现格网的优化。如果三角形格网的数量过多，不利于三维建模的进行，需要对三角形格网数量进行简化，通过简化点云数量或者是设定一个较大的距离阈值完成格网数量的调整，以尽量少的格网表达建筑物的模型。

2）模型建立

经过点云数据的预处理，除去了噪声的干扰，并对拟合后的点云进行处理，建立了建筑物各个部分的三维模型。由于各个部分的三维模型经过数据的配准处在同一个坐标系下（测量坐标系），所以可以建立建筑物的整体模型。因此，可以基于三维激光扫描仪观测的数据进行精确的空间量测，以及对其特征进行测量，建立它的技术资料档案，便于以后的修葺保护和管理。

2. 在现代建筑验收中作用

【案例】

某小区刚建成竣工，业主单位要求通过对整片小区进行测量，从而快速得到小区内建筑建成后的平面图以及建筑拐点坐标，从而对比设计之初与建成之后的相对偏差，为后期附属设施的建设和布置提供精准的数据参照，同时获得小区内建筑结构模型，并传输到数字城市平台完善更新。

【项目特点分析】

一般通过常规仪器便能实现建筑竣工验收，但仅限于结构不太复杂、建筑结构层次简单的普通建筑。采用三维激光扫描仪进行扫描，不仅能快速得到建筑结构的点云尺寸数据，而且能够将点云数据直接输入到常用建筑建模软件中进行快速参照建模，便捷快速。

（1）数据获取

1）扫描作业前准备

本次扫描任务为实现9栋居民楼立面图绘制和建模。为达到目的，必须采集9栋房屋的完整点云数据，使得房屋点云能够有效、精确地拼接，并且减少架站点的个数，扫描工作人员与仪器准备如下：① 扫描仪1台；② 木质三脚架1个；③ 人员配备2人。

2）作业详细步骤

根据所提供的控制点个数和位置，为了更好地在点云上反应小区完整的信息，便于模型的建立，采用后方交会的原理。共架设了22站点，站点（圆圈）和控制点的位置分布。如图1-41所示。

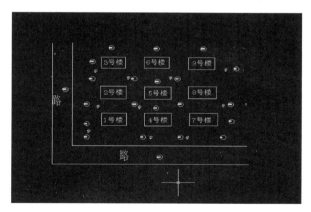

图1-41 控制点分布图

红色原点分别为架设仪器的位置，每一站选择尽可能多地反应房屋内容或者重点需要表达的部位，站点之间需要至少2个控制点，标靶摆放在控制点上，标靶正对着扫描仪，这样扫描仪在精细扫描标靶时会获得更多的点，从而达到降低拟合标靶中心位置误差目的，标靶放置在尽量离扫描仪远的位置，这样在坐标转换过程中能把坐标转换误差降低到最小。

扫描仪每秒可以扫描30万个点，根据工程要求，选择每站扫描1min31s，接受扫描点数 10997000 个。扫描到柱子上的 2 个点的平均间隔大概 15mm，多站拼接后点的间隔大概在 10mm。如图 1-42 所示。

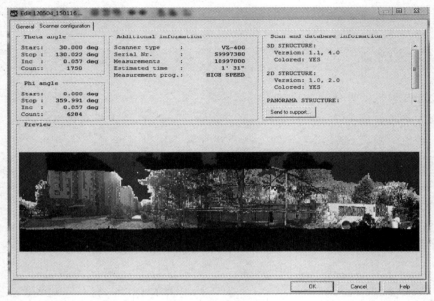

图 1-42　处理流程

2 个人操作扫描仪，每站作业时间 10min 左右完成。

3）标靶中心坐标获取

测量用的标靶是原装的反射片，标靶在扫描仪间基本是通用的，是用一种反射率比较高的材料做成。

扫描仪旋转一周后，在电脑上通过软件找到扫描点云反射率 90% 以上的物体，因为现实中很少有反射率这么高的物体，所以找到的就是标靶，扫描仪会精细扫描标靶，在这个标靶上会扫描 4000 个测量点，通过这 4000 个点拟合出来标靶的中心，如果标靶是圆形的，则可拟合出来标靶圆心。如图 1-43 和图 1-44 所示，图中的"+"字中心即为软件自动拟合出来的标靶中心。用全站仪获取标靶的中心坐标，只需望远镜对准标靶的中心即可。

图 1-43　标靶

图 1-44　标靶中心

4）数据预处理

数据的坐标转换与拼接，把全站仪采集的标靶数据导出来，在 Excel 里编辑成"E N Z"

格式的数据，再以 ".csv" 的数据格式保存下来。

将标靶数据导入软件，在软件的左边树状菜单栏下面有个 TPL (PRCS)选项，双击打开，出现 ints Import tiepointlist... ，导入特征点数据的选项，将全站仪测得的标靶坐标导入到软件中。

共扫描了 22 站，每站周围贴 2 个。扫描仪扫描的时候会以激光发射中心作为坐标原点，起始方向作为 X 轴建立自己的坐标系（SOCS），即扫描仪坐标系，扫描的站点是互不关联的，先把扫描仪扫描的标靶坐标符合到全站仪使用的坐标系中，待这些特征点符合好了，再把所有的点都转换到全站仪使用的坐标系中，最后使用全站仪后视方法，全站仪软件就会自动地解算相关位置，等结算完成，坐标也转换完成。如图 1-45、图 1-46 所示。

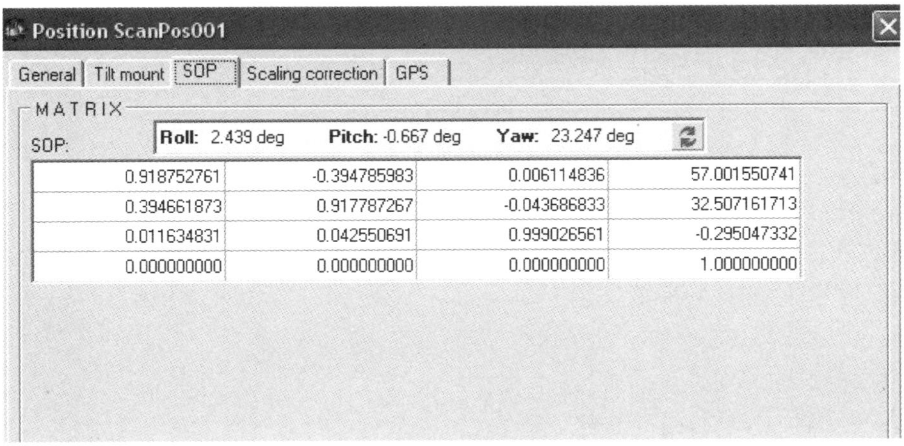

图 1-45　解算流程（一）

图 1-46　解算流程（二）

具有大地坐标系的三维点云图，任一点都具有真实的大地坐标同样，可以采用自动校准模块来多点云精细拼接，使精度得以提高，拼接结果如图 1-47 所示。

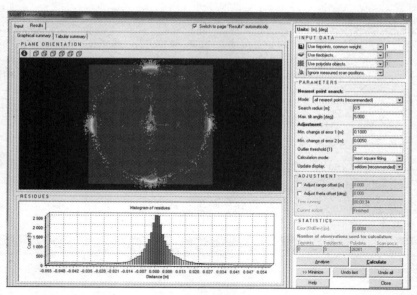

图 1-47　拼接结果

22 站都转到了同一坐标系下，即 4 站拼接，如图 1-48、图 1-49 所示。拼图路径方法有多种方式，具体方法如下：

① 通过两站间的共同标靶拼接；

② 通过软件的 GPS 模块自动拼接；

③ 根据测量的共同点手动拼接；

④ 导入到第三方软件进行拼接。

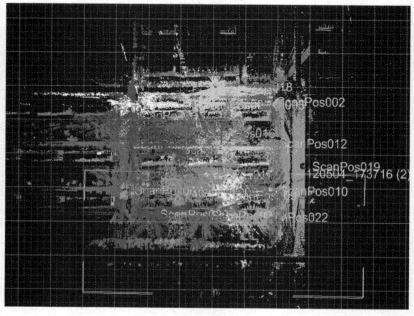

图 1-48　全部点云俯视图

图 1-49　彩色点云俯视

5）赘余点删除

扫描仪把"看"到的实体进行扫描采集数据，扫描过程中会产生一些有效无用数据，可根据不同的需求选择性过滤或人工删除有效无用数据。

本次任务主要是获取 9 栋建筑物数据，可选择性地保留 9 栋建筑物的点云数据，其他的多余点数据均可删除。手动删除方式和在 CAD 软件上选中点，用 Delete 键删除的方式相同。除此之外，软件其他多种过滤方式如下：

① Range gate（距离过滤）：保留距离扫描仪指定距离范围内或外的点；

② Remove isolated points（孤点过滤）：如果一个点在指定的距离内没有其他扫描点的存在，那么这个点被称为孤立点，可被保留或删除；

③ 5D raster（光栅过滤）：此种过滤用于地形测量时树木等高于地面地物的过滤；

④ Point filter（随即过滤）："step：X"，即点云保留原有个数的 1/X。项目保留数据，如图 1-50～图 1-52 所示。

图 1-50　单栋建筑物点云图

图 1-51　单栋建筑物点云图（贴纹理）

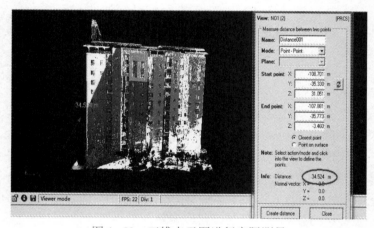

图 1-52　三维点云图进行实际测量

6）数据整理和成果展示

数据的详细加工：利用过滤后的点云进行加工，将点云导入 CAD 中，使用相关控件，直接在点云上对房屋进行模型建立。如图 1-53 所示。

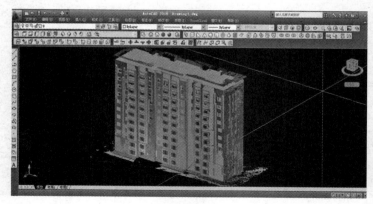

图 1-53　模型建立

导入 CAD 之后，使用 PointCloud 控件，能够直接在点云上建立面片和房屋整体模型。如图 1-54 所示。

图 1-54　房屋模型

利用 CAD 中的 Kubit 插件，导入楼体点云数据，直接建立白模。如图 1-55 所示。

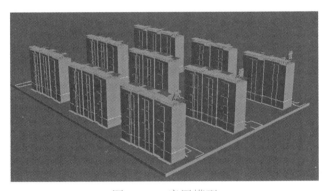

图 1-55　房屋模型

利用 3Dmax 软件，为建立好的模型贴纹理，使得效果更逼真。操作界面如图 1-56 所示。

图 1-56　效果图操作界面

经过整个完整的操作流程之后，附有色彩信息的三维立体模型和建筑物大地坐标图，可根据具体要求提取数据和展示。结果如图1-57～图1-62所示。

图1-57　模型成果（一）

图1-58　模型成果（二）

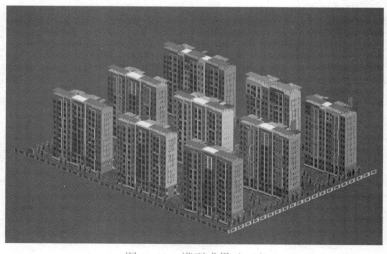

图1-59　模型成果（三）

图 1-60　模型成果（四）

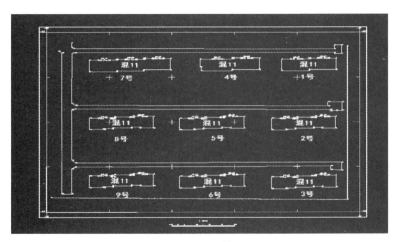

图 1-61　小区总体平面图

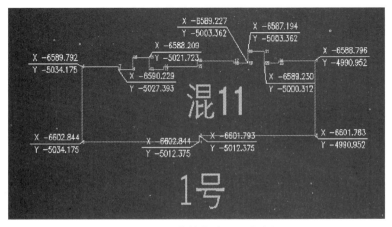

图 1-62　建筑物大地坐标图

7）项目功能及应用范围解析

通过三维激光扫描仪对整个建筑群的扫描，不仅可以得到小区内的实际尺寸点云数据，并且通过软件快速地三维建模，能得到相应的三维模型数据，拥有模型数据后便能提取任意的二维线画图资料。

建筑建模是三维激光扫描仪的主要应用方向之一，扫描仪的特性决定了应用于建筑的扫描将非常得心应手，因为无论多复杂的建筑结构，扫描仪都不仅能完整细致地将每个建筑细节真实地从点云数据的角度反映出来，而且精度范围可控，加上现今建模软件越加趋于完善，尤其针对三维点云建模的软件和插件层出不穷，为三维扫描仪应用于建筑建模提供了强大的支持。一般应用场景集中于建筑验收、旧城改造项目、装饰装修和数字城市。

任务 1.3.4 建筑模型中实测实量应用

三维扫描仪能做到直接从实物中快速地逆向三维数据采集及模型重构，无需进行任何实物表面处理，其激光点云中的每个三维数据都是直接采集目标的真实数据，使得后期处理的数据完全真实可靠。技术上突破了传统的单点测量方法，其最大特点就是精度高、速度快、逼近原形。

目前三维激光扫描技术已在众多领域得到了广泛应用，尤其在建筑设计以及实测实量方面，它可以深入到任何复杂的现场环境及空间中进行扫描操作，并直接将各种大型、复杂、不规则、标准或非标准等实体或实景的三维数据完整地采集到计算机系统中，进而快速重构出目标的三维模型及线、面、体、空间等各种制图数据。同时，它所采集的三维激光点云数据还可进行各种后处理工作，如：测绘、计量、分析、仿真、模拟、展示、监测、虚拟现实等。

扫描技术对于工程现场最大好处在于优化现场人员的工作方式：

（1）精简现场人员的现场工作。只需在现场进行扫描工作，对比偏差与测量可在实时完成。

（2）方便监理员在现场的测量工作。可利用像素测量、点云测量技术，完成一些费力的、高危险的地区测量。

（3）降低监理员的工作量。可以直接在图像上标示，而无需在纸上记录；也可直接让扫描结果与设计模型进行对比偏差，而无需"先测量、后对照图纸、最后确认偏差"。

（4）完善监理员的沟通方式。直观地利用图像、视频甚至转换后的模型与施工方进行沟通。

使用三维激光扫描仪比较常规测量仪器对建筑物进行实测实量与成图工作，它更具有扫描速度快、实时性强、精度高、主动性强、全数字特征等特点，不仅可以极大地降低成本、节约时间，而且使用方便，能够实现与设计图纸进行分析比较，以确定其形变误差大小等。三维激光扫描测量技术已经在土木领域有了广泛的应用，并表现出强大的优势。

小结

本项目的内容主要包括机械、BIM 技术和激光扫描技术三个方面基础知识，为辅助机器人设备学习奠定了良好的基础。机械基本知识要素中，主要为机械图纸识读、维护保养和故障判断打基础；BIM 基础知识主要是加强模型参数化应用、数据处理学习，为辅助机器人施工操作，实现数据支持进而指导机器人施工的途径；测量激光扫描技术是对高精度 3D 点云技术、BIM 成图和自动生成成果的路径基础进行学习，从而为测量辅助机器人学习打下良好的基础。

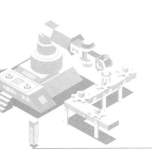

项目 2　测量机器人 >>>

【知识要点】

本项目重点是测量机器人的功能、应用及建筑工程施工中的基本工作和适用范围。掌握户型图导入方法，熟悉测量站点的设置依据，了解3D点云计算的原理、测量机器人特点、功能、工程应用。

【能力要求】

通过学习与练习，会操作测量机器人，识别和判断测量数据，根据测量数据设定下一道工序机器人施工，下达缺陷修补指令，具有应用机器人进行点云数据获取、工程应用的能力。

2-1
测量机器人

单元 2.1　测量机器人性能

任务 2.1.1　测量机器人基本原理

实测实量是指应用测量工具，通过现场测试、丈量，得到能真实反映产品施工质量的数据，把施工误差控制在规范允许范围之内。实测实量项目包括：主体结构阶段、砌筑阶段、抹灰阶段和装修阶段等主要建筑施工工序。

测量机器人采用激光扫描技术，针对住宅土建工程，基于高精度 3D 点云，通过虚拟靠尺、角尺等的检测方法对建筑施工质量进行实测实量，并自动生成报表。具有降低工作强度、减少人工量、提高检测质量、增加效益、保证测量结果客观性的优点。

测量机器人主要应用场景为：建筑施工场地平整测量，混凝土结构工程、砌筑工程以及抹灰工程等土建工程分部分项施工质量检测。

1. 测量机器人功能

（1）支持前期工程阶段。地理信息数据采集、基坑土方量数据获取、校核图纸、参与图纸会审。首先，用于地形图绘制、建筑图纸设计、审核施工总平面图建筑物的平面位置和各个面立面图的竖向标高（室内外正负零、层高、檐口高度）有没有冲突；现在经常出现的问题是设计提供的条件比放线需要的条件多，所以要将所有的定位测量的数据都复核一下；其次，检查各专业图的平面位置和标高是否有矛盾。

（2）支持施工阶段。施工放线定位、混凝土结构 / 砌块 / 墙板施工、抹灰、土建装修移交、装修、分户验收等阶段与环节。

（3）机器人实测实量项目。墙表面平整度、垂直度、方正性、阴阳角方正、楼板板底水平度、地面水平度、顶棚平整度、开间 / 进深极差、净高测量。

（4）人工补测项目。支持楼板厚度偏差、混凝土强度等人工测量指标录入，设计值录入。

（5）任务管理。支持施工项目户型图管理、标准库管理、站点类型管理等。

2. 测量机器人结构

（1）测量机器人部件组成

1）三维激光扫描仪（以下简称"扫描仪"）：用于数据采集。

2）三脚架：用于架设站点支撑扫描仪进行工作。

3）手持平板设备：设备默认"测量机器人软件"，该软件涵盖测量项目管理、测量任务维护和测量数据查看等功能。如图 2-1、图 2-2 所示。

图 2-1　测量机器人

① 扫描仪装运保护箱
② 三维扫描仪
③ 扫描仪电池
④ 带电源线的外部电源装置
⑤ AC电源线
⑥ 电池座充
⑦ 镜头清洁液
⑧ USB读卡器
⑨ 存储卡及存储卡盒
⑩ 安装环
⑪ 内六角环、光学清洁包

图 2-2　测量机器人包装箱组件

（2）三维激光扫描仪组成

测量机器人三维激光扫描仪的组成，如图 2-3 所示。

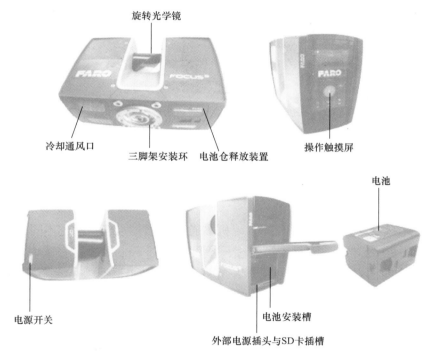

图 2-3　三维扫描仪

3. 测量机器人特点

（1）传统实测实量

传统的实测实量工作量大、过程繁琐，需要携带大量测量工具，参与人员多，工作人员还要熟练运用各种测量工具和各种测量方法，需要花费很大的人力、物力、财力，测量成果精度易受测量工具和人员操作的影响，数据合成整理过程容易丢失，人力与仪器成本投入比较高，且人为因素影响大。传统的抽测是以点、线代表面，缺点是：无空间数据支撑、覆盖面代表性不强、工作效率较低。如图 2-4、图 2-5 所示。

图 2-4　人工测量工具

图 2-5　测量机器人

（2）测量机器人测量

测量机器人通过模拟人工测量规则，使用虚拟靠尺、角尺等完成实测实量计算。机器人可在 1 小时内完成 300m^2 实测作业（支持昼夜作业），测量效率较人工提升 2～3 倍，自动生成成果报表，测量成果客观。

对比传统实测实量有以下优点：①一机多能；②数据准确，适配不同场景；③支持施工项目户型图、标准库、站点类型管理；④测量指标 App 录入；⑤实时设计值与实测值对比；⑥可视化数据报表；⑦作业效率更高；⑧劳动强度低等。传统实测实量作业与测量机器人作业参数对照，见表 2-1。

传统实测实量与机器人测量作业参数对照表　　　　　　　　　　　表2-1

项目	传统施工	测量机器人
测量代表值	抽检	全面
数据准确性	一般	强
作业效率（m^2/h）	100	300
作业人员配置（人）	2～3	1
成果报表形成	后期制作	自动形成
智能化程度	极低	高

任务 2.1.2　测量机器人应用

1. 规划设计阶段

测量机器人在工程建设规划初期可以完美地提供工程建设现场 1 : 1 的三维数据模型与 BIM 建筑信息模型进行对比，包括周围地形地貌、建筑物整体、房间大小、楼梯等数据，获取更加全面的基础信息，为规划设计提供准确依据。另外，建筑模型可以匹配到采集的地理信息数据中，进一步检查设计与现场周边环境的冲突。测量机器人前期先进行数据采集，根据采集的数据绘制地形图，为规划设计、场地平整提供三维模型及数据支持。

2. 施工阶段应用

测量机器人在建筑施工前期、中期、后期的各个阶段都可随时对工程进行扫描，得到实测实量的高精度 BIM 信息模型。依据信息数据，辅助设计人员对建筑模型、图纸做合理地调整与变更；帮助管理人员对工程质量及状态进行检查；对工程施工做完整的数据记录、存档，为后续精装修、设备安装及运维提供数据依据。

3. 旧改项目中应用

随着城市发展的需求、城市规模的改变、建筑使用期增长，城市有些老旧建筑面临改扩建，由于旧建筑设计图纸及施工时间跨度大，建筑施工竣工图纸及资料缺失，给旧改项目设计施工等工作带来诸多困难。如采用传统测绘手段重新获取现场数据不仅工作量大，且人力物力浪费较大，时间无法控制。使用测量机器人技术来获取现场实物三维点云数据，快捷准确地为设计提供可靠数据支持，进而很好地解决上述诸多困难及问题。

4. 在建筑工程定位测量中应用

测量机器人技术应用于建筑工程测量中，能够准确定位测量建筑工程，为后期场地布置、道路、管网等方面建筑施工提供可靠依据。

5. 在建筑工程测绘中应用

测量机器人技术进行建筑工程测绘，一方面能够有效降低建筑工程测绘的工作强度，另一方面还能有效提高工程测绘质量和测绘效率。测量机器人技术可以实现对建筑工程的动态定位，自动进行数据的采集、编辑、处理等各项工作，极大地节约了利用传统方法实施测绘所需要的时间，提高测绘效率。同时，利用数字化测绘技术，可以有效降低测绘成本，进行地形图测绘。随着自动化、数字化、智能化水平地不断发展，测量机器人技术的工作精度也会不断提升，利用测量机器人技术所获取的数据进行测绘质量提升的空间巨大。

6. 地面数字测绘成图

当工程建设中缺少原始数据资料时，一般使用地面数字测图对工程用地的情况进行粗测，可以使用测量机器人技术实现施工地区地理信息的收集和地面模拟图形的绘制。对于测量结果有一定的精度要求时，需要增加测量点位。

7. 在建筑变形监测中应用

在确定建筑物变形情况时，应用测量机器人技术具有重要优势。通过 3D 激光扫描仪手段可以将建筑外观数字化，并在计算机中对构建建筑物立体图进行直观呈现，同时获得相关数据。相关工作人员通过软件可以对建筑物变形情况进行检测。通过计算机系统获得被测建筑物的二维影像和三维影像数据信息，并对其变形参数指标进行实施分析，从而得出较为准确的建筑变形情况评价。测量机器人技术通过在建筑物变形监测中的实际应用，有效地提高了工作效率与质量，提升了监测的精准度，对于维护建筑安全具有重要意义。

单元 2.2　测量机器人作业

任务 2.2.1　测量机器人作业条件

1. 测量机器人测量岗位职责

（1）熟悉设计建筑结构图纸、施工场地及周围环境。

（2）负责测量机器人的使用、保管、维护。

（3）根据施工进度要求，及时提供施工测量成果。

（4）做好测量成果的校对、复核工作，及时做好测量记录和数据上墙。

2. 机器人量测作业流程

机器人量测作业流程与传统量测流程有所不同，其流程是通过扫描多点成像技术进行，具体机器人量测作业流程，如图 2-6 所示。

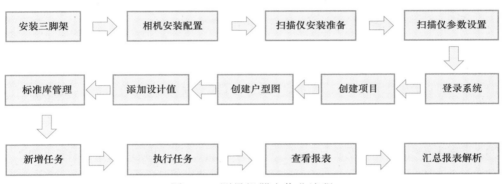

图 2-6　测量机器人作业流程

3. 作业条件

（1）传统体系 / 新体系下实测实量。

（2）现场地面应保持基本清洁，无大块垃圾。

（3）现场应无墙板、窗、砌块等材料堆放，无其他杂物堆放。

（4）作业现场应无粉尘，无水喷溅。

（5）测量作业区域，其他工作人员应离开测量机器人作业区域，以免干扰数据采集效果。

（6）应避免在高于 40℃、低于 5℃的环境下使用测量机器人。

任务 2.2.2　测量机器人仪器准备

1. 测量设备准备

（1）检查扫描仪、平板电脑是否能正常开机，电量是否充足。

（2）检查扫描仪、测量软件是否能正常使用。

（3）检查整机作业装配件是否齐全，包含配套三脚架、扫描仪安装环等，见表 2-2。

测量机器人作业设备一览表 表2-2

序号	设备名称	型号	数量	用途
1	扫描仪	三维激光扫描仪	1	多点成像
2	扫描仪电池	VA	2	仪器电源
3	外部电源插头	220V	1	外接电源
4	数据存储SD卡	32G	1	数据存储
5	USB读卡器	通用	1	读卡
6	扫描仪三脚架	专用	1	支撑
7	内六角环、光学清洁包	套	1	保养

2. 设备调试

设备安装及调试主要步骤如下：

扫描仪组装→扫描参数配置→网络配置→倾角仪状态确认。

3. 技术准备

（1）测量作业性质及对象的确定。

（2）测量方案的确定，扫描站点、设计图源、参数的配置。

（3）检验批方案的确定，作业安全、技术交底。

4. 扫描仪组装步骤

（1）从工具盒内取出扫描仪和三脚架的连接件，三脚架高度在 0.6～1.2m 之间，确保三脚架平稳。

（2）将电池及 SD 卡安装到扫描仪底部电池座及 SD 卡固定仓位。

（3）将连接件上半部分安装到扫描仪底座并紧固（注：出厂时默认已经安装）。

（4）将连接件下半部分及连接扣安装至三脚架顶部，并紧固。

（5）将扫描仪安装到三脚架，并紧固。如图 2-7 所示。

拧紧！

图 2-7　测量机器人固定示意

5. 基本参数设置

（1）启动设备，点击【管理】—【常规设置】，对扫描仪进行远程访问。

（2）点击【参数】—【分辨率/质量】，将分辨率设置为 1/16，质量为 4X。

（3）返回参数配置页面，关闭彩色扫描，点击【选择传感器】，配置传感器设置：倾角仪打开，罗盘、高度计、GPS 这三项关闭。如图 2-8 所示。

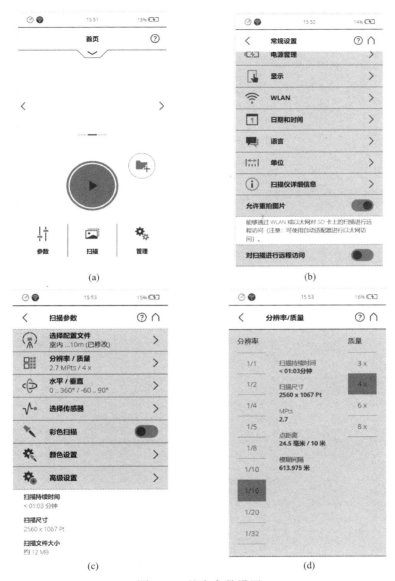

图 2-8　基本参数设置

任务 2.2.3　测量机器人操作要点

1. 登录系统

（1）启动平板电脑，连接扫描仪热点，热点 WiFi 名称。

（2）打开软件，输入账号密码登录，点击"记住密码"下次可直接登录。如图 2-9 所示。

图 2-9　系统登录界面

（3）账号密码输入默认 5 次输入，5 次输入错误后自动锁屏 5min，锁屏时间结束后则可恢复正常输入，5 次之后错误则默认再次锁屏 5min，反复循环。

2. 项目创建

点击【项目管理】，在此页面点击【添加】进入项目维护界面。依次录入项目基本信息数据，项目信息包括项目名称、地址、楼栋、层高、交付标准等。如图 2-10 所示。

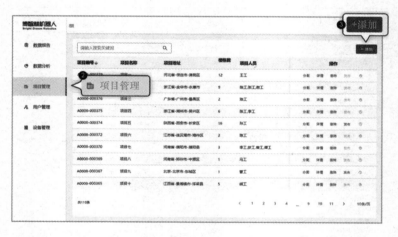

图 2-10　创建项目界面

3. 户型图编辑

（1）点击顶部导航栏【户型图】进入创建界面。

（2）点击【添加】按钮，填写户型图名和导入匹配的户型图，上传户型图。

（3）点击【确认】按钮，创建完成。如图 2-11 所示。

图 2-11　户型图上传界面

4. 分户设置

（1）在户型图编辑界面，点击【分户设置】按钮。

（2）根据实际情况添加分户信息。

（3）点击【确定】按钮。户型图编辑界面。

5. 测量站点设置

点击已上传的户型图进入详细操作界面，根据实际情况添加户型信息。

（1）点击【户型】下拉框选择户型。

（2）点击【添加点】按钮，颜色高亮。

（3）根据实际情况点击户型图绘制站点坐标。

（4）绘制完一户站点后应再次点击【户型】下拉框选择户型，绘制下一户站点坐标。

（5）重复（1）～（4）步骤完成全部站点绘制。

（6）点击户型图站点，右侧会显示站点详细信息，可根据实际情况编辑站点信息。

6. 测量站点删除

（1）点击【删除点】按钮，点击后颜色会高亮。

（2）在户型图中点击要删除的站点，点击后站点会被删除。

（3）删除完成后应再次点击【删除点】按钮，此时按钮高亮状态取消。

7. 设计值模板设置

（1）点击【设计值】按钮，根据 CAD 户型图纸信息逐项录入。

（2）可根据设计值数量进行增删测量项的操作。

（3）点击【确定】按钮，即可保存。

（4）若暂时无法录入设计值，可点击右上角直接关闭本页面。若想再次编辑，可在站点维护中"设计值模板"再次打开此页面，如图 2-12 所示。

8. 输入楼层面积

（1）点击【楼层面积】输入框。

（2）输入楼层面积（平方米），保留 2 位小数。

9. 选择户型图应用楼栋、楼层

（1）点击【户型图应用楼栋、楼层】输入框。

（2）选择户型图应用的楼栋和楼层（可多选）。

点击【保存】按钮保存所有编辑。

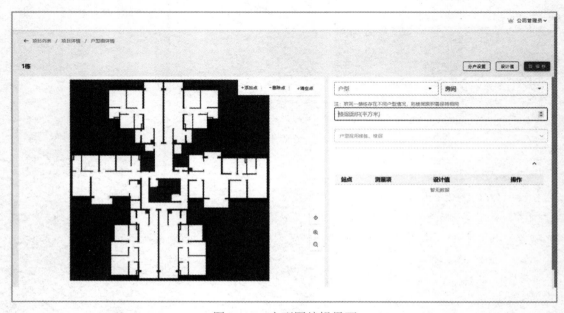

图 2-12　户型图编辑界面

10. 标准库管理

标准库用于配置测量标准信息，采用默认标准，也可以根据自身使用情况进行合理配置。

（1）点击顶部导航栏【标准库】按钮进入创建界面。

（2）点击要编辑的工程阶段标准。

（3）点击【修改标准库】按钮。

（4）根据实际情况点击所需要修改"测量项"进行修改。

（5）编辑完成后，点击【编辑完成】按钮进行存档。如图 2-13 所示。

11. 算法规则配置

算法规则配置是计算测量项方法的依据，用户可以根据自身使用情况进行合理配置。

（1）点击顶部导航栏【算法规则】按钮，进入创建界面。

（2）可使用系统默认规则，也可重新创建规则模板。

（3）点击【增加】按钮，对需要修改的测量项计算参数进行修改后保存。如图 2-14
所示。

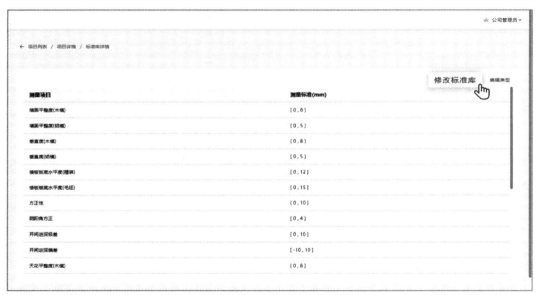

图 2-13　标准库管理界面

图 2-14　算法规则配置管理界面（一）

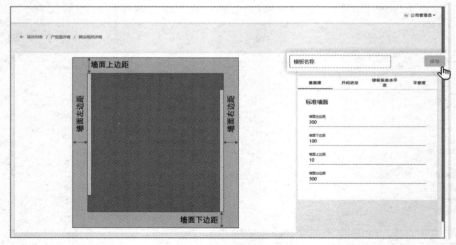

图 2-14 算法规则配置管理界面（二）

12. 云端项目发布及人员分配

（1）重点注意：云端项目创建完成后，需要点击【发布】按钮，发布成功后【项目信息】与【户型图】只能新增数据不能修改已冻结数据，新增数据后，需要重新发布项目才可生效并同步记录到历史记录中；【标准库】与【算法规则】配置可修改，修改后需要重新发布项目才可生效并同步记录到历史记录中。

（2）点击【分配】选择相关人员，则被选中的人员就可以看到该项目所有相关信息及数据。

（3）点击【删除】按钮，即可删除项目相关所有数据，包括云端及平板终端，需谨慎操作。

（4）点击【详情】按钮，可进入项目信息详情页，查看编辑该项目的所有数据。如图 2-15 所示。

图 2-15 项目管理分配界面

13. 本地端同步项目数据

（1）登录平板终端系统。

（2）点击【WiFi】成功连接网络。

（3）点击【项目管理】标签。

（4）刷新同步云端已发布的项目数据。如图 2-16 所示。

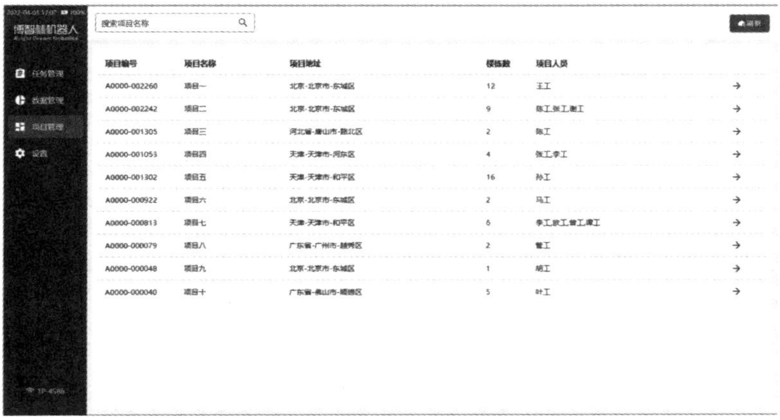

图 2-16　项目发布查看界面

14. 创建任务

（1）点击【任务管理】中的【创建任务】按钮。

（2）根据实际情况配置项目作业楼层、工程阶段、任务类型、任务属性、算法模板、户型图等信息。

（3）点击【机器测量项】按钮，可进行机器测量项相关配置。

（4）点击【人工测量项】按钮，可以进行人工测量项相关配置。

（5）任务信息配置完成后，点击【生成任务】按钮，即可完成任务创建。如图 2-17 所示。

图 2-17　创建任务界面（一）

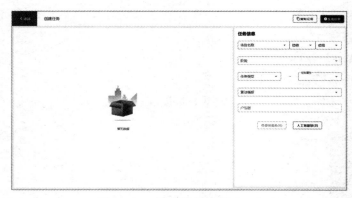

图 2-17 创建任务界面（二）

15. 任务执行

（1）在【任务管理】界面，选择要测量的任务，点击【开始任务】或【继续任务】按钮。

（2）将扫描仪架设在需要测量的站点位置，找到对应的站点号，点击【开始测量】按钮，此时扫描仪会开始转动。

（3）站点【状态】显示计算为 0% 时，表示该站点已经扫描完成，可以将扫描仪移动至下一站点。

注：开始测量前，先将手持平板设备与扫描仪进行局域网连接，需要在本地客户端上点击左上角或右上角 WiFi 标识图进行网络切换。

（4）人工测量项数据录入

1）点击测量作业界面中的【人工测量】标签。

2）选择对应站点，点击【录入】按钮。

3）根据实际测量情况，录入的人工测量数值。

4）录入完毕后，点击【保存】按钮，人工测量数据会自动和机器测量数据合并，重新生成一份测量报告。

5）站点测量报告会自动与机器测量数据合并重新生成站点报告。完成所有站点的【人工测量项录入】，站点报告更新完成后，要点击【生成报告】，更新汇总报告。如图 2-18 所示。

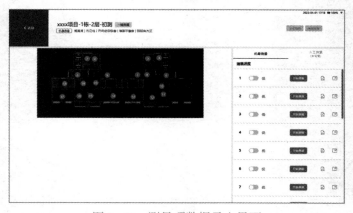

图 2-18 测量项数据录入界面

16. 数据查看与上传

数据报告模块用于管理测量任务生成的汇总报告，主要包含：汇总报告、热力图、3D数据，数据可上传、可导出。

（1）测量报告查看

1）在【数据管理】界面可以查看已生成的任务报告信息。

2）点击【原位标注】按钮，即可查看原位标注图。

3）点击【3D】按钮，即可查看三维数据。

4）点击【查看报告】，即可查看站点测量报告。热力图墙面蓝色区域代表凹陷，红色区域代表凸起。绿色的靠尺表示合格尺，红色的靠尺为不合格尺。

（2）测量报告或点云上传/导出

1）勾选所需要上传/导出的数据报告。

2）点击【上传/导出】按钮，勾选所需要上传/导出的文件。

3）点击【确认】按钮，具体上传进度可在【传输列表】中查看。

若要导出报告，选择导出路径后导出报告；若要上传报告，则可连接网络上传。如图2-19所示。

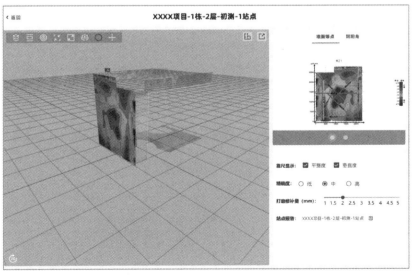

图2-19　查看报告界面

17. 云端数据报告

平板端上传的报告及 3D 数据查看：

（1）点击【报告】图标，可查看该站点的测量报告。

（2）点击【原位标注】图标，可查看对应的原位标注图。

（3）点击【3D】图标，可查看该站点的 3D 数据及热力图数据。

（4）上传数据可通过二维码进行数据分享，也可下载至本地。如图 2-20 所示。

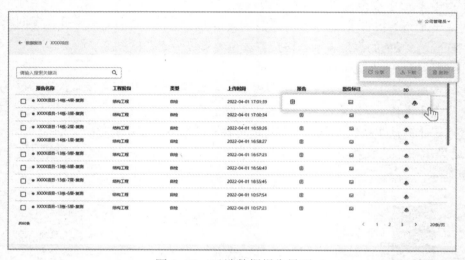

图 2-20　云端数据报告界面

18. 云端数据分析

数据分析可帮助用户全方位了解项目情况，对上传云端的报表数据进行项目进度、施工质量、工作效率多维度分析。

（1）进度分析

1）点击【数据分析】标签，默认进入进度分析详情页面。

2）查看项目综合进度、阶段进度、楼层进度数据。

3）数据支持下载。如图 2-21 所示。

（2）质量分析

1）点击【质量分析】标签，默认进入质量分析详情页面。

2）查看项目整体合格率，各阶段、楼栋、楼层、分户、站点的各测量项合格率。

3）数据支持下载。如图 2-22 所示。

（3）功效分析

1）点击顶部导航栏【功效分析】标签，进入功效分析详情页面。

2）可查看总作业面积、总时间、总有效时间、平均功效、时效等数据，也可查看人员、项目、机器功效。

3）数据支持下载。如图 2-23 所示。

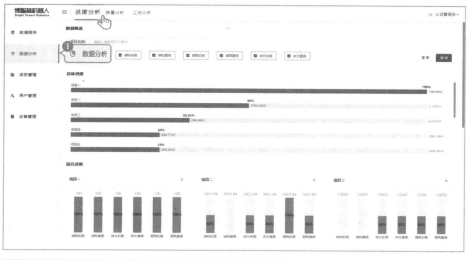

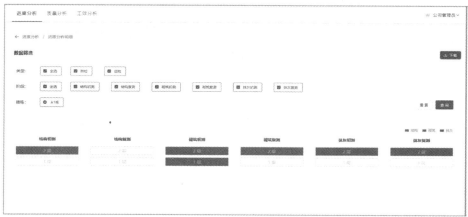

图 2-21　进度分析界面

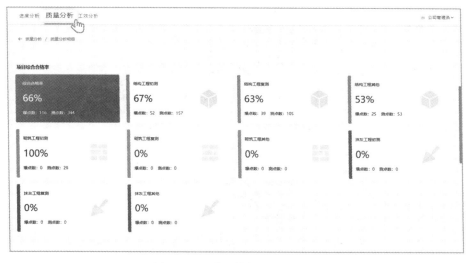

图 2-22　质量分析界面（一）

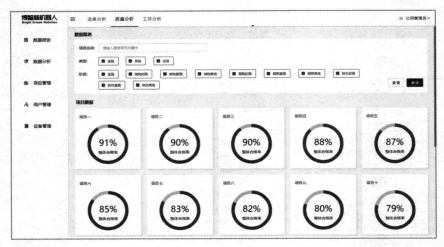

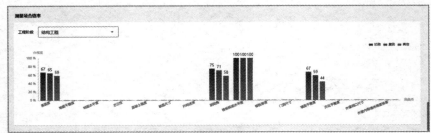

图 2-22 质量分析界面（二）

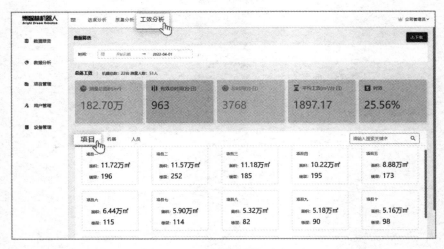

图 2-23 功效分析界面（一）

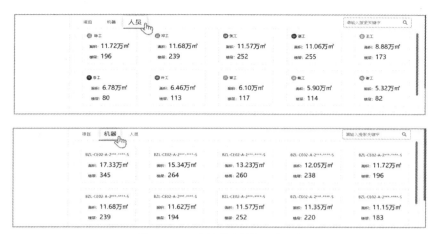

图 2-23 功效分析界面（二）

任务 2.2.4 测量机器人工施工特点

1. 测量机器人工效

用测量机器人进行实测实量，其效率高、精度高，自动统计生成数据报表。1min20s 内完成单个房间实测作业，效率较人工提升 3 倍；采用虚拟靠尺、角尺技术，测量结果与人工高度一致；3D AI 算法受人为因素影响小；可实时生成可视化数据报表，可输出原位标注图、分户合格率等信息；支持热力图显示指引修补打磨整改，可节约数据上墙时间。测量机器人工效详见表 2-3。

测量机器工效表   表2-3

机器人名称	工作时电量消耗量（kW·h）	代替传统工人	实测需匹配操作工人数量（个）	实测工效（m²/h）	传统工人数量（个）	节约工人数量（个）
测量机器人	12.8	实测实量人员	1	317.50	4	3

2. 测量机器人优缺点

（1）测量机器人优点

1）比人工测量快，大大提升了效率。

2）精确度比人工好，因人工是按照一面墙多少尺来测量，而机器人是完全测量墙体。

3）数据能完整地保存以供检查。

（2）测量机器人缺点

1）只能用于 1～2 个爆点的测量，机器人没有人工测量灵活。

2）对场地的要求较严格。

3）个别测量项目还需人工测量。

任务 2.2.5　测量机器人质量标准

1. 编制依据

（1）国家工程建设有关规范、标准

1）《建筑工程施工质量验收统一标准》GB 50300—2013；

2）《混凝土结构工程施工质量验收规范》GB 50204—2015；

3）《建筑地面工程施工质量验收规范》GB 50209—2010；

4）《混凝土质量控制标准》GB 50164—2011；

5）《建筑工程施工现场供用电安全规范》GB 50194—2014。

（2）企业有关标准

1）《碧桂园工程质量检查评分办法》（2019 版）；

2）《碧桂园集团住宅装修工程施工工艺和质量标准》（2013 版）；

3）《碧桂园智慧建造体系应用指引》；

4）《碧桂园集团外墙涂料施工工艺和质量标准》（2014 版）；

5）《广东腾越安全文明施工标准化手册》（V2.0）。

（3）质量验收标准

分部工程质量验收标准，见表2-4。

分部工程质量验收标准　　　　　　　　　　　　　　　　　　　表2-4

分部工程	序号	实测内容	允许偏差		检查工具	测量机器人
混凝土结构工程	1	截面尺寸偏差	[−5，10] mm		5m钢卷尺	否
	2	表面平整度	8mm/抹灰	5mm/铝模，免抹灰	2m靠尺+塞尺	是
	3	垂直度	10mm/抹灰		2m靠尺	是
	4	顶板水平度极差	12mm（精准）；15mm（毛坯）		激光扫平仪＋5m钢尺	是
	5	楼板厚度	[−5，10] mm		超声波楼板测厚仪（非破损）或卷尺（破损法）	否
	6	外窗洞口尺寸	[−5，15] mm		5m钢卷尺或激光测距仪	否
	7	混凝强度	—		混凝土回弹仪	否
砌体工程	1	表面平整度	8mm（预制墙板）；5mm（高精砌块）		2m靠尺+塞尺	是
	2	垂直度	5mm		2m靠尺	是
	3	外门窗洞口尺寸	[−5，15] mm		5m钢卷尺或激光测距仪	否
抹灰工程	1	墙体表面平整度	4mm		2m靠尺、楔形塞尺	是
	2	墙面垂直度	4mm		2m靠尺	是
	3	阴阳角方正	4mm		阴阳角尺	是
	4	方正性	10mm		5m钢卷尺、吊线或激光扫平仪	是

续表

分部工程	序号	实测内容	允许偏差	检查工具	测量机器人
抹灰工程	5	户内门洞尺寸偏差	毛坯交付高度、宽度偏差［-10，10］mm；厚度［-5，10］mm 精装交付高度［0，15］mm；宽度偏差［0，20］mm；厚度［-5，10］mm	5m钢卷尺	否
	6	外墙窗内侧墙体厚度极差	4mm	5m钢卷尺	否
	7	房间开间/进深极差	［-10，15］mm/10mm	5m钢卷尺、激光测距仪	是

注：数据源于《碧桂园集团工程质量评估体系大纲》。

2. 机器人无法测量内容

（1）混凝土结构工程

测量项：楼板厚度；允许误差：［-5，10］mm。

（2）砌筑工程

测量项：外窗洞口尺寸；允许误差：［-5，15］mm。

（3）抹灰工程

测量项：外窗内侧墙体厚度极差平整度；允许误差：［0，4］mm。

测量项：门洞尺寸偏差；允许误差：高度［0，15］mm、宽度［0，20］mm、厚度［-5，10］mm。

以上实测实量内容需人工配合用测量工具进行补测实测。

3. 质量保证措施

（1）测量机器人工作前，需要对前置工作进行确认验收，未达到标准不予进行测量作业。

（2）测量机器人进场后，需要对机器人进行开机前点检，确保机器人各部件完好。

（3）测量机器人开机后，需要对机器人进行开机自检，确保无问题后进行后续相关操作。

（4）使用前清理扫描仪的镜头，避免因为扫描仪表面脏污造成扫描数据遗漏或偏差。

（5）必须按照说明书的指示使用测量机器人作业，且操作人员应经过培训。

（6）仅使用制造商推荐或者销售的附件。

（7）禁止在高于40℃、低于5℃的环境下使用测量机器人。

（8）测量机器人在使用过程中如出现问题，应及早排除后再使用。

任务 2.2.6　作业安全事项

1. 安全措施

（1）操作者上岗前必须经过安全培训，经考核合格后方可上岗。

（2）严禁酒后、疲劳上岗。

（3）操作前必须按要求穿戴好劳动保护用品：安全帽、反光衣、劳保鞋等。

（4）按照机器人操作规程进行操作，认真遵守相关要求。

（5）机器人运行过程中，严禁操作者离开现场。

（6）架设机器人时必须将三脚架与三维激光扫描仪可靠连接。

（7）严禁用手触碰激光扫描镜头。

（8）架设位置周边存在洞口、临边等位置时，须确保该处设置有效防护措施。

2. 使用注意事项

（1）测量机器人在使用过程中如出现问题，应及早排除后再使用。

（2）测量机器人应用在场地得到清理之后的楼层，工作现场的施工设备等器具应已经拆除。墙面测量时，墙面应无遮挡，以免影响测量结果。

（3）必须按照说明书的指示使用测量机器人作业，仅使用制造商推荐或者销售的附件。

（4）必须确保电源电压符合充电插头上标注的电压。

（5）测量机器人必须由经过培训考核合格的人员使用。

（6）在清洁和维护前必须停止给扫描仪电池充电，应关闭电源并取出电池。

（7）测量机器人不能采用损坏的电源线或电源插座。当测量机器人因跌落或者进水等意外导致无法正常工作时，不能继续使用。为避免伤害，应由制造商或其售后服务维修。

（8）禁止在高于 40℃、低于 5℃的环境下使用测量机器人。

（9）禁止在有大量粉尘的环境中使用测量机器人。

（10）注意不要把机器架设在顶棚传料孔洞、放线孔的正下方，防止杂物坠落，损坏仪器。

（11）测量过程中，每隔一段时间，检查三脚架是否有松动、扫描仪是否安装稳固。

（12）测量机器人使用的充电装置制造商专配，禁止使用损坏的充电装置。如果充电座损坏，禁止更换非原装充电座。若怀疑电池损坏，应及时联系产品售后。

（13）禁止在有明火或易碎物品的环境中使用扫描仪。

（14）禁止焚烧产品和电池，避免可能发生的爆炸。

单元 2.3 测量机器人维修保养与故障处理

任务 2.3.1 测量机器人维修保养

1. 测量机器人日常维护

扫描仪使用过程中，不要轻易改动光学装置，要轻拿轻放，尽量不要有大的振动，防止磕碰造成测量数据异常。作业前检查维护见表2-5，作业后检查维护见表2-6。

作业前检查维护　　　　　　　　　　　　　　　　　　　　　表2-5

序号	维护项与方法
1	检查电池电量是否充足，尽量保持满电上工地，否则要提前充电，充电均需选用稳定的220V电源，不能采用损坏的电源线或电源插座
2	禁止在手持平板设备上下载安装任何软件，禁止在高于40℃、低于5℃的环境下使用测量机器人
3	避免在低于−10℃和60℃以上的条件下存放仪器，也应避免温度骤变，测量机器人不使用时，应将其装入箱内，置于干燥处，注意防振、防尘和防潮

作业后检查维护　　　　　　　　　　　　　　　　　　　　　表2-6

序号	维护项与方法
1	当测量机器人因跌落或者进水等意外导致无法正常工作，应由制造商或其售后服务进行维修
2	清洁和维护仪器之前先必须停止扫描仪电池充电，关闭产品电源并取出电池，清洗需使用专用液。使用后，如有发热现象，需等镜头散热后，佩戴好保护套再收纳

2. 测量机器人定期维护

测量机器人应该每年维护一次，定期维护项与方法详见表2-7。

定期检查维护　　　　　　　　　　　　　　　　　　　　　表2-7

序号	维护项与方法	间隔时间
1	激光扫描仪	实时对检查机头内有无异物，半年标准数据扫描校准
2	链接组件及三脚架	每月对紧固件、链接组件磨损程度和三脚架定期保养
3	电池及充电设备	电源线或电源插头有无损坏，电池充电饱满度小于30%时，要进行更换，禁止焚烧电池，避免可能发生爆炸事故

任务 2.3.2 测量机器人常见故障及处理

测量机器人在使用过程中会遇到常见故障及处理方法，见表2-8。

测量机器人常见故障及处理办法 表2-8

序号	故障信息	故障分析	处理方法
1	采集失败	1. 扫描仪设备采集数据错误码：-4（格式转换时无法打开输入文件）； 2. 文件编号异常	1. 检查扫描仪远程共享是否打开； 2. 将SD卡格式化，重启扫描仪
2	扫描仪界面扫描状态倾角仪状态一直亮红或黄色	1. 三脚架未调平； 2. 倾角仪传感器故障	重新架站，微调三脚架，直至界面显示亮灰状态即可
3	扫描仪按开机键，一直无法开机，扫描仪启动失败	1. 可能是电池电量不足； 2. 可能是电池失效； 3. 设备整机处于异常状态	1. 取出电池，重新充电，查看电池指示灯状态； 2. 将电池放入扫描仪后，直接将充电线插入充电插口，尝试开机
4	提示计算失败	1. 顶棚寻找失败； 2. 可能是计算失效	可尝试微调三脚架站点位置，再重新进行测量
5	提示网络连接失败	1. 可能是扫描仪远程访问已关闭； 2. 可能是扫描仪WLAN状态未开启； 3. 可能是手持平板设备网络未开启； 4. 可能是手持平板设备密码设置错误； 5. 可能是设备网络模块已故障	1. 在扫描仪设置界面，查看远程访问是否已开启，重新开启； 2. 在扫描仪设置界面，查看WLAN状态是否正常开启； 3. 检查平板设备网络是否已开启，密码是否正常配置； 4. 重启平板或扫描仪，再次检查网络可正常连接
6	提示内部系统错误	可能是软件系统内部运行异常所致	按照软件界面提示操作，选择确认。若还无法正常响应，可尝试重启平板设备
7	扫描仪扫描转速异常或采集时间与设置不符	扫描仪配置不对或出现异常	1. 检查并确认"彩色扫描"已关闭； 2. 先用扫描仪自己采一遍数据，再用平板下达测量任务
8	App无法正常使用	测量机器人App无法正常登录使用	检查"加密狗"是否插牢固

小结

　　本项目主要内容包括三维激光扫描技术介绍、三维激光扫描仪数据采集、建筑建模以及建筑模型中实测实量的应用；测量机器人功能、结构、特点，测量机器人应用情况与测量机器人工作量对比；测量机器人作业条件、测量机器人仪器准备、操作要点，测量机器人工效、优缺点、质量标准，以及测量机器人安全措施及注意事项；测量机器人日常维护、定期维护、常见故障及处理等内容。

巩固练习

一、单项选择题

1. 测量机器人不支持建筑施工阶段有（　　　）。

　　A. 混凝土结构／砌块／墙板施工　　　　　　B. 抹灰、土建装修移交

C. 装修、分户验收　　D. 基础阶段

2. 测量机器人不能实测实量项目有（　　　）。

    A. 墙面平整度、垂直度　　　　　　　　B. 方正性、阴阳角方正

    C. 顶棚水平度、地面水平度　　　　　　D. 顶棚平整度、门洞尺寸

3. 测量机器人的手工补测项目有（　　　）。

    A. 方正性　　　　　　B. 窗洞口尺寸　　　　C. 阴阳角　　　　　D. 地面平整度

4. 扫描仪组装步骤中，将连接件上半部分安装到扫描仪底座上时，应用（　　　）拧紧。

    A. 六角扳手　　　　　B. 用手拧紧　　　　　C. 螺丝刀　　　　　D. 活动扳手

5. 扫描仪使用错误的有（　　　）。

    A. 禁止在高于 40℃，低于 5℃ 的环境下使用测量机器人

    B. 扫描仪轻拿轻放，防止磕碰

    C. 每隔一段时间检查脚架是否松动，扫描仪安装是否稳固

    D. 可以将机器架设在顶棚孔洞下

二、多项选择题

1. 关于扫描仪组装步骤，下列选项正确的是（　　　）。

    A. 将分辨率设置为 1/16，质量为 4X

    B. 将彩色扫描关闭

    C. 将倾角仪打开，罗盘、高度计、GPS 关闭

    D. 开机直接操作

    E. 开机等待反应时间

2. 清洁反射镜时，正确的是（　　　）。

    A. 清洁前关闭扫描仪

    B. 戴无尘手套，只在有必要时才清洁镜子

    C. 清洁时不要触碰镜子的表面

    D. 按一个方向擦拭

    E. 固定不同方向擦拭

3. 可能导致提示计算失败的原因有（　　　）。

    A. 顶棚寻找失败　　　　　　　　　　　B. 没有形成有效的包围核

    C. 测量空间不方正（斜梁、斜屋面）　　D. WiFi 连接失败

    E. 测量软件未升级

4. 测量机器人使用时注意事项包括（　　　）。

    A. 墙面测量前，要清理至一点垃圾没有

    B. 测量人员应离开测量机器人作业区域

    C. 禁止在手持平板设备上下载安装任何软件

    D. 注意机器防水防尘

E.测量机器人使用时必须恢复默认设置

5.扫描仪使用说法错误的有（　　　）。

A.可以全天候作业

B.防水等级高，不用担心被雨淋湿

C.造价低，可以一个项目准备多个

D.可以将机器架设在顶棚孔洞下

E.扫描仪必须进行定期维护保养

三、简答题

1.测量机器人采用了什么技术，用以代替人工、增加效益、提高检测质量、保证测量结果客观性的？

2.扫描仪的日常使用是否需要清洁？

3.扫描仪和平板的电池分别能用多久？

4.测量机器人可以使用其他品牌的平板吗？

5.扫描仪镜头的保护步骤是什么？

6.测量机器人的工作环境温度和相对湿度区间是多少？

7.测量机器人主要部件有哪些构成？

8.为确保三脚架平稳，扫描仪三脚架架设高度应控制在什么区间？

9.在一个房间内，测量机器人可以在一个位置同时完成顶、墙和地面平整度量测工作吗？

10.废旧电池可以焚烧处理吗？为什么？

参考答案

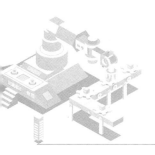

【知识要点】

　　了解建筑施工升降机的定义、组成及性能，智能施工升降机定义、组成及性能。熟悉智能施工升降机和传统施工升降机的特点。掌握智能施工升降机的手动与自动切换的方法，机器人与升降机的通信交互的目的，升降机维护与保养的必要性等。

【能力要求】

　　具有编制升降机专项安装与拆卸方案的能力，能够识别和判断升降机安全隐患的能力。

单元 3.1　智能施工升降机性能

任务 3.1.1　智能施工升降机基本原理

1. 智能施工升降机概述

施工升降机又称建筑用施工电梯，主要是施工阶段主体结构施工时运输施工材料和施工人员的垂直运输工具，俗称"人货梯"，也可以成为室外电梯、工地提升吊笼，是建筑中经常使用的载人载货施工机械。由于其独特的箱体结构，可让施工人员乘坐起来既舒适又安全。施工升降机在工地上通常是配合塔式起重机使用。一般的施工升降机载重量在 $1\sim10t$，运行速度为 $1\sim60m/min$。

施工升降机的种类很多，按运行方式分为无对重和有对重；按控制方式分为手动控制式和自动控制式。根据实际需要还可以添加变频装置和 PLC 控制模块，另外还可以添加楼层呼叫装置和平层装置。

智能施工升降机是在传统施工电梯的基础上增加了人脸识别功能、楼层自动选取等功能，使施工电梯实现自动化运行并且统计工地上的基础数据等功能。智能施工升降机能自动响应楼层按钮信号和笼内选层按钮信号，并在信号指定的层站停靠和自动开关门；也可通过垂直物流调度系统，实现升降机与机器人的双向通信，升降机能自主获取机器人乘梯点位信息，响应机器人乘梯楼层指令，并自动在这些指令指定的层站平层停靠和自动开关门。

近年来，随着建筑高度的不断增加，架设高度大的施工升降机的需求量也在不断增加。建筑施工升降机除了应用在高层建筑中还可以应用在公路桥梁、铁路桥梁和水利工程等的建设中，以及大型化工厂冷却塔、发电厂的烟囱、广播电视塔以及煤矿等多种施工现场，施工升降机是土木工程建设中一种必不可少的机械设备之一。随着智慧工地、数字化施工的不断推进，不少施工升降机生产厂家在现有的基础上对施工升降机进行智能化升级，改造后设备可用作普通施工升降机使用，也可根据其智能化配置，完成自动选层、自动平层、自动开门等功能。提升了乘客乘坐的舒适性，提高了升降机的自动化程度。如图 3-1 所示。

2. 智能施工升降机功能

施工升降机的主要功能是主体结构施工时垂直运输工具，主要的功能是将施工人员和施工材料运输到指定的楼层。一般高层建筑物在施工时都需要施工升降机，特别是砌筑过程中的砂浆、抹灰中的水泥，以及门窗都需要施工升降机来进行垂直运输。智能施工升降机运行分为人货模式、机器人模式，其可以根据智能化配置，实现机器人与升降机的通信交互等先进功能。常见的形式有下列六种形式：

（1）固定式

固定式升降机是一种升降稳定性好、适用范围广的货物举升设备，主要用于生产流水线高度差之间货物运送；物料上线、下线；工件装配时调节工件高度；高处给料机送料；

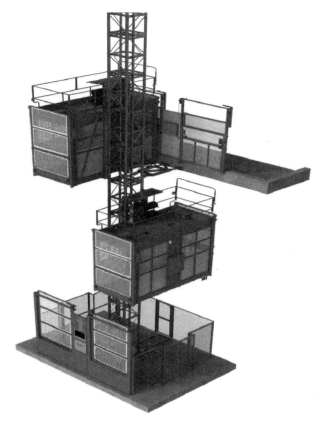

图 3-1　博智林智能施工升降机

大型设备装配时部件举升；大型机床上料、下料；仓储装卸场所与叉车等搬运车辆配套进行货物快速装卸等。根据使用要求，可配置附属装置，进行任意组合，如固定式升降机的安全防护装置、电气控制方式、工作平台形式、动力形式等。正确选择各种配置，可最大限度地发挥升降机的功能，取得最佳的使用效果。

固定式升降机的可选配置有：人工液压动力、方便与周边设施搭接的活动翻板、滚动或机动辊道、防止轧脚的安全触条、风琴式安全防护罩、人动或机动旋转工作台、液动翻转工作台、防止升降机下落的安全支撑杆、不锈钢安全护网、电动或液动升降机行走动力系统、万向滚珠台面等。

（2）车载式

车载式升降机是为提高升降机的机动性，将升降机固定在电瓶搬运车或货车上，它借助汽车引擎动力，实现升降功能，以适应厂区内外的高空作业。其广泛应用于宾馆、大厦、机场、车站、体育场、车间、仓库等场所的高空作业，也可作为临时性的高空照明、广告宣传等。

（3）铝合金式

铝合金式升降机采用高强度优质铝合金材料，由于型材强度高，使升降台的偏转与摆动极小，具有造型美观、体积小、重量轻、升降平衡、安全可靠等优点。它轻盈的外观，能在极小的空间内发挥最高的举升能力，使单人高空作业变得轻而易举。其广泛用于工厂、宾馆、餐厅、车站、机场影剧院、展览馆等场所，是保养机具、油漆装修、调换灯具、清洁保养等用途的最佳安全伴侣。其主要分为：单立柱铝合金、双立柱铝合金、三立柱铝合金、四立柱铝合金。

（4）曲臂式

曲臂式升降机能悬伸作业、跨越一定的障碍或在一处升降可进行多点作业；平台载重量大，可供两人或多人同时作业并可搭载一定的设备；升降平台移动性好，转移场地方便；外形美观，适于室内外作业和存放。其适用于车站、码头、商场、体育场馆、小区物业、厂矿车间等大范围作业。

（5）套缸式

套缸式升降机采用多级液压缸直立上升，液压缸用着高强度的材质和良好的机械性能，外加塔形梯状护架，使升降机有更高的稳定性。即使身处20m高空，也能感受其优越的平稳性能。 其适用场合为：厂房、宾馆、大厦、商场、车站、机场、体育场等。主要用途：电力线路、照明电器、高架管道等安装维护，高空清洁等单人工作的高空作业。

（6）导轨式

导轨式升降机是一种非剪叉式液压升降台，适用于二三层工业厂房、餐厅、酒楼楼层间的货物传输。台面最低高度为150～300mm，最适合于不能开挖地坑的工作场所安装使用。该平台无须上部吊点、形式多样（单柱、双柱、四柱）、运行平稳、操作简单可靠、楼层间货物传输经济便捷。

任务 3.1.2 智能施工升降机结构

单纯的施工电梯是由轿厢、驱动机构、标准节、附墙、底盘、围栏、电气系统等组成。我国生产的施工升降机越来越成熟，逐步走向国际。传统施工电梯现场使用状态，如图3-2所示。

图3-2　施工电梯现场使用状态

广东博智林机器人有限公司研发的"智能施工升降机"ZSC 型系列施工升降机，主要包括：架体结构、传动系统、电气自动化系统和智能安全控制系统等，具体包括由底笼总成、导轨架、附墙架、左吊笼、右吊笼、电缆滑车、传动机构、防坠安全器总成、电缆导向装置、电控系统等。如图 3-3 所示。

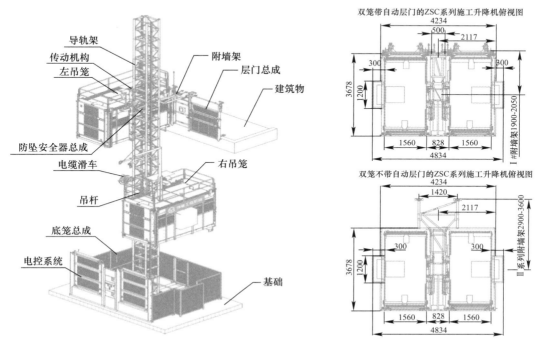

图 3-3　ZSC 系列施工升降机

1. 型号代表含义（图 3-4）

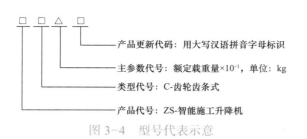

图 3-4　型号代表示意

（1）主参数代号：单吊笼施工升降机只标注一个数值，双吊笼施工升降机标注两个数据，用符号"/"分开，每个数值为一个吊笼的额定载重代号。

（2）型号编制示例

1）ZSC200 表示单笼，载重量为 2000kg 的智能施工升降机。

2）ZSC200/200 表示双笼，每个吊笼载重为 2000kg 的智能施工升降机。

3）ZSC200/200B 表示双笼，每个吊笼载重为 2000kg 的智能施工升降机（升级型）。

2. 升降机底笼总成

底笼总成由固定标准节的基座（包括吊笼缓冲装置和底座）、防护围栏和护栏防护门组成，防护围栏用于将施工升降机与其周边区域进行隔离，保证施工升降机使用安全。防护网拼接并与基础相连组成防护围栏。安全防护门与吊笼防护门智能联动，只有吊笼到达基站后吊笼门开启，护栏防护门才能正常开启，反之，护栏防护门关闭锁定后，吊笼才能正常运行。如图 3-5 所示。

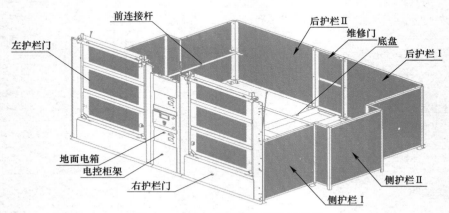

图 3-5　ZSC 系列施工升降机底笼

3. 升降机导轨架

升降机导轨架由多个标准架节（施工建筑物高度决定标准节数量）通过高强度螺栓连接而成，标准架节是由型钢焊接而成的长方形空间桁架结构，导轨架每侧装有一根齿轮齿条。标准节长度为 1508mm，底部基础节和顶端节不安装齿条。为保证升降机整体结构的安全性和稳定性，导轨架通过附墙系统与附着墙面相连。如图 3-6 所示。

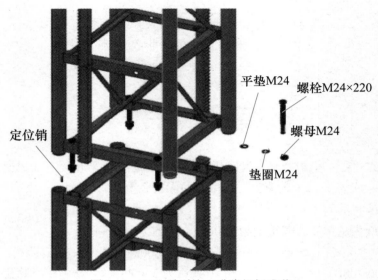

图 3-6　ZSC 系列施工升降机标准节

4. 升降机导轨附墙架

（1）ZSC 型系列主要有两种附墙系统：Ⅰ、Ⅱ附墙系统。

ⅠA、ⅠB 型直接附墙，附墙距离 1.75～2.2m，为常规短附墙形式，可用于配置联动层门的智能施工升降机，也可用于无联动层门的自动施工升降机。

ⅡA、ⅡB 型直接附墙，附墙距离 2.8～3.6m，为常用标准附墙形式。附墙架选型详见表 3-1。附墙平面如图 3-7、图 3-8 所示。

ZSC系列墙架选型表 表3-1

吊笼尺寸（m）	附墙架型号		附墙架间距（mm）	附着间距 B（mm）	备注
3.2×1.5×2.5	Ⅰ	ⅠA	1750～1950	540	适用带自动层门或不带自动层门的
		ⅠB	1950～2200		
	Ⅱ	ⅡA	2850～3200	1420	—
		ⅡB	3200～3600		

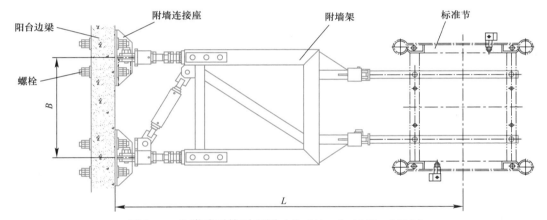

图 3-7　Ⅰ附墙系统平面图（B=540，L=1750～2200）

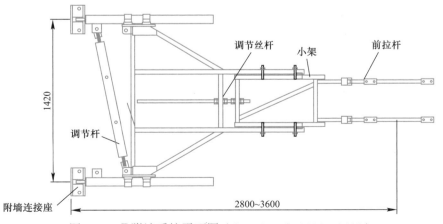

图 3-8　Ⅱ附墙系统平面图（B=1420，L=2800～3600）

机器人施工辅助设备

（2）附着系统锚固形式有预埋件连接、穿墙螺栓连接、钢结构焊接连接，如图 3-9～图 3-11 所示。附着架与标准连接示意如图 3-12 所示。注意：1）附着点的承载能力必须满足升降机附着载荷要求，否则会导致重大安全隐患；2）附墙与墙面连接时，严禁使用膨胀螺栓；3）如果实际附墙情况超出了上述要求，需按生产厂家提供的具体方案为准。

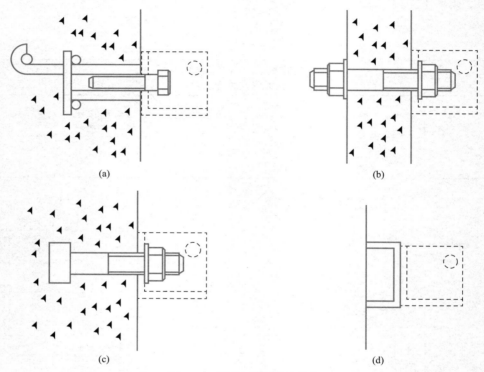

(a)　　　　　　　　　　　　　　　(b)

(c)　　　　　　　　　　　　　　　(d)

图 3-9　附着系统锚固形式

（a）与墙内预埋件连接　（b）用穿墙螺栓连接　（c）用预埋螺栓连接　（d）与墙内预埋钢结构件焊接

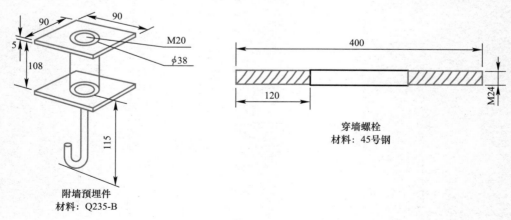

附墙预埋件
材料：Q235-B

穿墙螺栓
材料：45号钢

图 3-10　附墙预埋件

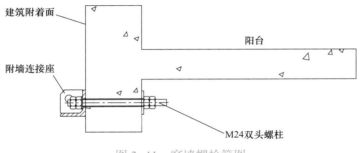

图 3-11　穿墙螺栓简图

图 3-12　附着架与标准连接示意

附墙螺栓强度验算例题

某工程施工提升机安装的附墙结构如图 3-13 所示，导轨架中心到附着墙面垂直距离 $L=1950mm$，附墙连接座中心距 $B=540mm$，使用螺栓的为 8.8 级 M24 的双头螺柱与混凝土墙体连接，抗拉强度设计值 $f_t=400N/mm^2$。试计算附墙架作用力并进行穿墙螺栓校核。

解：（1）附墙架作用力

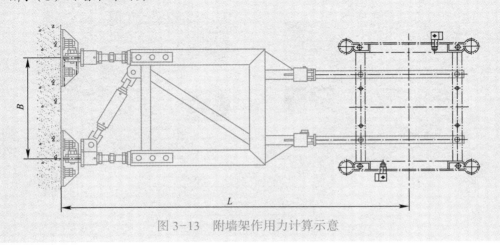

图 3-13　附墙架作用力计算示意

附墙架作用于附着墙面上力为:

$$F = \frac{L \times 60}{B \times 2.05} = \frac{1950 \times 60}{540 \times 2.05} = 105.7 \text{kN}$$

(2) 穿墙螺栓校核

螺栓的承载力设计值为:

$$N = \frac{\pi \cdot d^2 \cdot f_t}{4} = \frac{\pi \times 20.752^2 \times 400}{4} = 135292 \text{N} = 135.3 \text{kN}$$

附着穿墙螺栓受力为拉力,最大值为:

$$P = \frac{F}{2} = 52.9 \text{kN} < N = 135.3 \text{kN}$$

故穿墙螺栓强满足要求。

5. 升降机吊笼

吊笼为钢结构件,其侧面上部采用冲孔钢板围挡(解决吊笼内采光和减小风载)。吊笼设有单开门、双开门两种形式,并带有防止吊笼脱离导轨架的安全钩。笼顶作为安装拆卸时的工作平台,顶部设置了安全防护栏杆,笼内设有上行至顶部的专用爬梯。吊笼在传动机构驱动下,通过主梁上安装的导向滚轮,沿导轨架运行。

6. 传动系统

传动系统主要由常闭式电磁制动器的电机、联轴器、减速器、驱动齿轮、背轮等组成。其外形结构如图 3-14 所示。

整个传动机构安装在笼内或笼顶驱动板上,与吊笼或传动架连接,保证吊笼起制动平稳,吊笼在电机驱动下通过齿轮与导轨架齿条啮合,使笼上下运行。

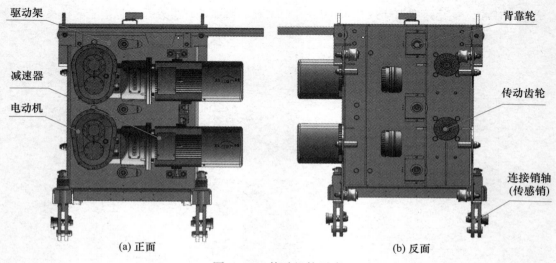

图 3-14 传动机构示意

7. 安全智能控制系统

安全智能控制系统在电路中设置了过载、短路和防冲顶等自动报警及安全开关，还配备了防坠落安全器又称限速器。安全器由齿轮轴、外毂、制动锥鼓、拉力弹簧、离心块、离心块座、蝶形弹簧、铜螺母、机电连锁开关等组成，安装于笼内安全板上，通过齿轮轴上的齿轮与导轨架齿条啮合，随吊笼运行。当吊笼运行速度超过安全器额定动作速度时，制动锥鼓与外锥鼓逐渐接触，摩擦制动力矩也渐渐加大，直至吊笼平缓制动。同时，带动电气连锁开关动作，使电机断电，安全制动，保证乘员生命安全和设备完好无损。

8. 吊笼安全保护装置

（1）极限开关安装在吊笼安全板上，开关设 1 根碰杆伸出吊笼，当吊笼冲过上限位或下限位运行到极限开关位置时，安装在标准节上的极限碰块会压迫极限开关碰杆，吊笼主回路立即掉电，迫使吊笼立即停止运行。总极限开关属于非自动复位开关，碰杆动作后，必须手动拆下总极限开关碰杆，解除限制恢复吊笼的运行。

（2）安全器限速保护开关设置在安全器内部，与安全器的机械装置配套使用。吊笼下行时，如果下降速度失去控制，达到安全器坠落动作速度时，安全器机械装置会强行制动。在安全器机械制动的同时，安全器限速保护开关随之动作，切断吊笼控制系统控制回路的供电，使电机和制动器失电，迫使吊笼停止下降。只有在安全器完成复位操作后，安全器限速保护开关才能解除动作，吊笼方可以正常运行。为了确保吊笼不会出现短距离反向冲顶或蹲底的情况，上 / 下限位、上 / 下减速限位动作后，必须反向运行 3s 才可以解除限位保护。

（3）单开门 / 双开门开门限位和关门限位安装在单开门 / 双开门位置。单开门 / 双开门打开过程中，若门已完全打开，门上的矩形管将压迫开门限位碰杆，将碰杆推至分断位置，单开门 / 双开门停止打开。单开门 / 双开门关闭过程中，若门已完全关闭，门上的矩形管将压迫关门限位碰杆，将碰杆推至分断位置，单开门 / 双开门停止关闭。单开门 / 双开门开门限位和关门限位属于自动复位开关，当单开门 / 双开门关闭 / 打开后，碰杆自动恢复到接通位置。单开门 / 双开门只能在吊笼停止情况下打开（选层模式下，只能在各楼层平层位置打开），未完全关闭状况下，吊笼被禁止上行和下行。

（4）防冒顶限位安装在升降机小车架上，用于检测升降机齿轮与标准节导轨齿条是否啮合。吊笼正常运行时，防冒顶限位碰杆受到标准节导轨齿条的持续顶压，限位处于接通位置，吊笼控制系统允许吊笼继续运行（防冒顶限位使用常开触点）。当吊笼上的上限位和上极限限位均失效时，升降机小车架运行到标准节导轨安全节位置，由于安全节导轨无齿条，防冒顶限位碰杆脱离齿条的持续顶压，回复至分断位置，吊笼控制系统禁止吊笼继续上行。

（5）地面异物检测光栅安装在吊笼两侧，与地面平行，距地面 30～40mm 位置。仅在远程调度模式下有效。远程调度模式下，当 AGV（Automated Guided Vehicle）小车离开吊笼，地面异物检测光栅对吊笼地面进行检测，查看小运输物品是否存在遗落，若有遗落，则吊笼报警，禁止运行；若无遗落，则吊笼关门，等待执行下一个调度指令。遗落物品的最小检测大小为 50mm × 50mm × 50mm。

9. 层站安全保护装置

各楼层均安装有层门，对进出吊笼的司乘人员、物料及 AGV 小车进行保护。只有吊笼停层后，相应层的层门才能被吊笼双开门带动打开，吊笼离开时，层门又必须完全关闭，避免司乘人员、物料或 AGV 小车从层门处跌落。层站门限位安装在各楼层的层门上，属于自动复位开关，用于检测层门的打开及关闭状态。当层门完全关闭时，将触发安装于层门顶部的限位碰杆，层门将会向层站控制柜提示层门限位动作，层门关闭。吊笼运行期间，层门因保持关闭状态，否则层门异常开启的导轨架侧吊笼将运行禁止。

10. 升降机技术参数

升降机技术参数详见表 3-2。

升降机技术参数　　　　　　　　　　　　　　　表3-2

型号	ZSC200/200A
额定载重量（kg）	2×2000
额定载人数（员）	2×23
额定安装载重量（kg）	2×1000
吊笼尺寸（长×宽×高）（m）	3.2×1.5×2.5
最大架设高度（m）	242
起升速度（m/min）	0～46
电机功率（kW）	2×2×11（50Hz）/2×2×19.5（87Hz）
安全器标定动作速度（m/s）	1.05
标准节尺寸（长×宽×高）（mm）	650×650×1508
标准节重量（kg）	150（4.5mm）/168（6mm）
基础节重量（kg）	95
护栏重量（kg）	1480
底盘重量（kg）	240
吊笼和驱动系统重量（kg）	2×2000

任务 3.1.3　智能施工升降机特点

传统施工升降机根据楼层停层的呼按钮进行呼叫，司乘人员根据呼叫来选择，人为操作响应慢、操作强度比较大；每到停层需人工开闭轿厢和停层安全门，动作时间较长，较大程度上影响升降机运输效率；平层停靠需通过肉眼目测判断平层停靠精度，误差控制较难，常导致二或三次停靠动作产生，平层精度误差大会导致入口坡度大，增加货物进出困难；传统施工升降机安全系统安全装置不够完善等。整个操作过程都需要人工协同处理，工作强度高、效率低。

智能施工升降机首先根据楼层停层的按钮进行，智能施工升降机会根据每层楼停层按钮命令到达，响应时间快，比人为操作时间短，操作强度比较小；每个楼层带自动层门不需要人工开门，大大提高运输效率；智能施工升降机通过编码器来定位平层精度，误差控制在（±2cm）范围内；平层精度误差小，降低了入口坡度大进出难度的问题；升降机安全系统安全装置比较完善等。整个操作过程为自动模式和机器人模式。不需要人工协同处理，工作强度低、效率高。智能施工升降机相对于传统施工升降机优势更佳。如图 3-15 所示。

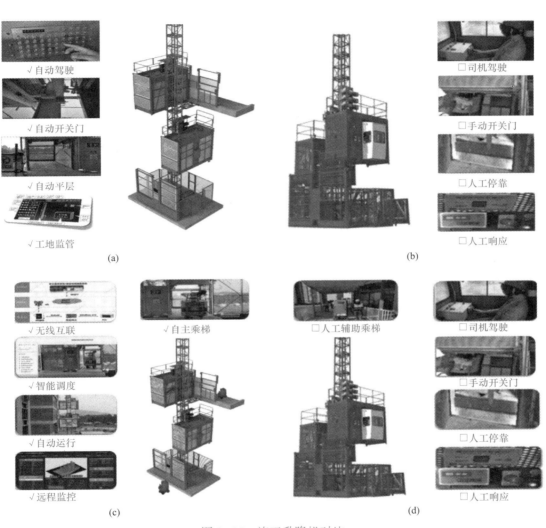

图 3-15 施工升降机对比

（a）智能施工升降机（人货模式）；（b）传统施工升降机；（c）智能施工升降机（机器人模式）；（d）传统施工升降机

智能施工升降机对比传统升降机有以下优点：

（1）实现自动化，保障运行质量，提升运行效率，解放劳动力。

（2）打通垂直物流通道，实现升降机与机器人的双向通信，推进智慧工地运营。

（3）自动响应楼层按钮信号，层站平层停靠准确，降低了工人劳动强度低。

传统升降机与智能施工升降机作业参数对照见表 3-3。

传统升降机与智能施工升降机作业参数对照表　　　　　　　　　　表3-3

项目	传统升降机	智能施工升降机
自动化程度	较差	高
吊笼门	手动	自动
作业效率	低	高
驾驶员（人）	有驾驶	智能控制
机器人乘梯	人工辅助	自主乘梯
层站平层停靠	误差大	误差小

单元 3.2 智能施工升降机运行

任务 3.2.1 智能施工升降机安装条件

1. 确定施工施工升降机选型及位置

施工施工升降机与主体结构相对位置:施工升降机标准节中心距剪力墙边缘3400mm,距建筑物外边缘净间距为1400mm。

2. 完成施工升降机基础设计和施工

施工升降机基础预埋件直接预埋在地下顶板上,加固范围为 5m×6m。

3. 对施工电梯基础进行验收

需要对施工电梯的基础进行验收,验收内容包括:钢筋工程、混凝土工程等。

基础的钢筋绑扎后,应作隐蔽工程验收。隐蔽工程应包括塔式起重机基础节的预埋件等。验收合格后方可浇筑混凝土。

基础混凝土的强度等必须符合设计要求。用于检查结构构件混凝土强度的试件,应在混凝土的浇筑地点随机抽取。取样与试件留置应符合《混凝土结构工程施工质量验收规范》GB 50204—2015 的有关规定。

基础结构的外观质量不应有严重缺陷,不宜有一般缺陷,对已经出现的严重缺陷或一般缺陷应采用相关处理方案进行处理,重新验收合格后方可安装塔式起重机。基础的尺寸允许偏差应符合表 3-4 规定。

施工施工升降机基础尺寸允许偏差和检验方法　　　　　表3-4

项目		允许偏差(mm)	检验方法
标高		±20	水准仪或拉线、钢尺检查
平面外形尺寸(长度、宽度、高度)		±20	钢尺检查
表面平整度		—	水准仪或拉线、钢尺检查
洞穴尺寸		±20	钢尺检查
预埋锚栓	标高(顶部)	±20	水准仪或拉线、钢尺检查
	中心距	±2	钢尺检查

基础应满足使用说明书的要求,同时还必须符合当地有关安全法规;安装前应根据升降机基础验收表、隐蔽工程验收单和混凝土强度报告等相关资料,确认所安装升降机和起重设备的基础、地基承载能力、预埋件、基础排水措施等符合升降机安装、拆卸工程专项施工方案的要求。在施工升降机进场安装前,使用单位施工项目部须向安装单位提供以下有关基础资料:

(1)混凝土基础的强度报告。

(2)混凝土基础隐蔽工程验收资料(钢筋原材质保书、钢筋设置施工验收单)。

（3）基础制作技术方案（几何尺寸、制作工艺、施工图、变更计算书等）。

（4）水平度测量报告。

由使用单位施工项目部安全、质检部门进行施工升降机基础验收，各方应在验收表上签字认定，方可进行安装作业。

4. 施工升降机安装前的要求

（1）升降机的安装质量直接影响其工作性能，为使设备安全可靠地工作并保证其使用寿命，必须严格按要求进行安装。

（2）参加安装的单位和个人必须具备相应的资质并符合有关要求。

（3）参加安装人员必须经过专业培训，熟悉要安装升降机的主要性能和特点，具备熟练的机械操作技能和排除一般故障的能力。

（4）安装人员需身体健康、无高血压、心脏病等疾病，应具有一定的文化程度。

（5）安装人员必须按要求佩戴安全保护装置（如安全帽、安全带等），严禁酒后安装及操作。

（6）安装人员在安装过程中应听从统一指挥，分工明确，各负其责，不得擅自离开或互相调换岗位。

（7）安装作业时，每个吊笼顶部平台作业人数不得超过 2 人，升降机的载重量不得超过 500 kg。

（8）升降机安装前应对各部件进行检查。新设备要核对供货清单和合同验收，是否满足要求；旧设备要对所有构件进行检查，对有可见裂纹的构件进行修复或更换，对严重锈蚀、磨损、整体或局部变形的构件必须更换，符合产品标准的有关规定后方可进行安装。

（9）设备必须"五证"齐全，即特种设备制造许可证、生产合格证、起重机械制造监督检查证书、备案证明。

（10）施工升降机是一种大型垂直运输设备，它的安装和拆卸工作必须由取得建设行政主管部门颁发的塔式起重机拆装资质证书和省、地、市安全生产监督管理或特种设备监督管理行政主管部门颁发的塔式起重机（施工升降机）安拆、维修安全许可证的专业单位进行。

5. 安装条件

（1）安装作业前，应根据升降机专项施工方案和使用说明书的要求，对安装人员进行安全技术交底，安装人员在交底书上签字备案。

（2）安装作业中应统一指挥，分工明确。作业范围设置警戒线及明显的警示标志，非作业人员不得进入；智能施工升降机现场管理及安装人员一览表详见表3-5。

（3）遇大雨、大雪、大雾或风速大于 13m/s 等恶劣天气时，应停止安装作业。

智能施工升降机现场管理及安装人员一览表 表3-5

序号	人员	数量	用途
1	现场安装人员	4	设备安装
2	电工	2	控制箱与施工电源接驳

续表

序号	人员	数量	用途
3	网络安装人员	2	安全监控和远端控制接驳
4	智能化控制管理	1	智能化运维
5	辅助安装吊车	1	安装与装卸

智能施工升降机设计有 3 个吊装点，钢丝绳和卸扣需符合起重拉力及国家标准。在每次吊装前需检查钢丝绳和卸扣是否完好无损，如有断丝或脱扣需更换合格的钢丝绳和卸扣再进行吊装。升降机吊装须采用满足吊装要求的起重设备。如图 3-16 所示。

图 3-16 智能施工升降机吊装

智能施工升降机安装设备一览表详见表 3-6。

智能施工升降机设备安装一览表 表3-6

序号	设备名称	单位	数量	用途
1	升降机底盘	套	1	升降机底座
2	底层护栏	套	1	底层安全防护
3	吊笼和驱动系统	套	1（左/右）	运行
4	标准节	节	n	导轨架
5	基础节	节	1	基础连接支架
6	顶端节	节	1	顶部连接支架
7	转换节	节	1～2	高层导轨转换
8	附墙架	套	n	附墙连接

施工电梯的安装需要专业电梯机械工程进行安装和维护，并且需要签订智能升降机维修保养合同。

6. 安装安全要求

（1）将安装场地清理干净，并作出标示，禁止非工作人员入内。

（2）防止安装地点上方掉落物体，必要时应加安全防护网和警示牌。

（3）安装过程中，必须指定专人负责，统一指挥。

（4）使用吊杆时，不允许超载。除特殊配置的吊杆外，吊杆只能用来安装或拆卸施工升降机零部件，不得另作他用。

（5）笼顶吊杆上有悬挂物时，不允许开动升降机。

（6）施工升降机吊笼运行前，应确保接地装置与施工升降机金属结构连通，接地电阻不大于4Ω。

（7）施工升降机运动部件与建筑物和施工设备（如脚手架）之间的距离不得小于0.25m。

（8）施工升降机运行时，乘员身体的任何部位均不能超出安全栏杆。

（9）每次启动吊笼前，应先检查运行通道是否畅通。如有人在笼顶、导轨架或附墙架上工作，不允许开动升降机；吊笼运行时严禁人员进入护栏。

（10）吊笼上所有零部件，必须平稳放置，不得超出安全栏杆。

（11）安装作业人员应按高空作业的安全要求，戴安全帽、系安全带、穿防滑鞋，不要穿过于宽松的衣服，以免卷入运动部件发生安全事故。

（12）笼顶操作开动吊笼时，必须将操作按钮盒拿到笼顶，不允许在笼内操作。操作按钮盒上的转换开关应旋至"笼顶"位置，启动前应按铃示警。

（13）笼顶作业时，必须将笼顶操作按钮盒上的"急停"按钮按下，以防误操作。

（14）不允许吊笼超载运行。

（15）吊笼启动前，应全面检查，消除所有安全隐患，并按铃示警。

（16）雷雨天、雪天或风速超过13m/s的恶劣天气，不能进行安装作业。

（17）必须按要求拧紧所有连接螺栓，特别是标准节及附墙等重要部位的承力螺栓。

（18）未经允许，不得更改施工升降机电气线路。

（19）必须使用规定的高强度螺栓及其他各种配件才能有效地保证设备使用安全。

（20）标准节安装时：

1）标准节连接高强度螺栓使用前应作严格检查。

2）检查时必须用煤油等清洁剂将螺栓、螺母及垫圈清洗干净。并检查螺杆有无裂纹、螺杆中部有无剪切痕迹、螺纹有无变形锈蚀情况等，必须全部合格才能使用。

3）每次在安装必须用润滑脂涂裹高强度连接螺栓的螺杆螺纹部分、螺母螺纹部分及支撑面、垫圈，以达到均衡摩擦、保护螺纹、延长螺栓使用寿命的目的。

4）高强度螺栓的双螺母必须达到预紧力矩，其中防松螺母预紧力矩应稍大于预紧力矩。

5）施工升降机安装完成后应该定期对螺栓进行检查，先一周两次，再一周一次、两周一次，最后一月一次。每次安拆后应随机抽取2%～5%数量的螺栓，检查其变形、腐蚀及作机械性能试验，全部试样合格才允许重复使用，试样不合格或不能做试验则应报废处理。

任务 3.2.2 智能施工升降机设备操作要点

智能施工升降机安装完毕，必须按工程所在要求进行验收，并向使用单位进行技术交底，介绍升降机控制面板和按钮，通过笼内操作人机界面设置和楼层呼叫系统进行操作控制，如图 3-17、图 3-18 所示。

图 3-17 智能施工升降机本体面板

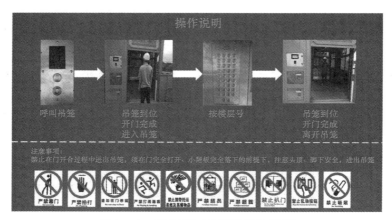

图 3-18 智能施工升降机操作说明

1. 手动模式运行操作

（1）将外笼下电箱主电源旋转开关打到"ON 挡"，关闭所有护栏门和天窗及吊笼门。合上笼内单极开关、笼顶操作按钮盒电源，打开电锁和急停按钮，接通并确认上电箱内主交流接触器吸合。

（2）按要求进行检查，一切正常后，方可操作升降机。进入人机界面用户登录密码，点击"确定"即可。

（3）将自动按钮切换至手动，按铃示警，扳动手柄开关（按上升按钮或下降按钮），升降机即可运行，松开手柄（或按钮）即停机。在上终端站，不准利用上限位开关自动停机。

（4）运行中如发现异常情况，应立即按下急停按钮，在故障排除之前，不允许打开。操作步骤如图 3-19 所示。

(a)

(b)

(c)

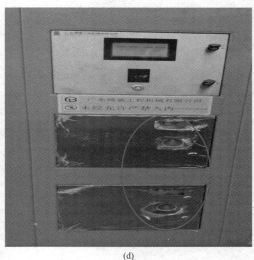

(d)

图 3-19　智能施工升降机操作步骤（一）

（a）升降机整机；（b）打开三级电箱闸刀；（c）打开外笼控制面板断路开关；
（d）解除急停打开负载断路开关

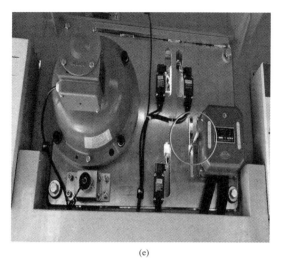

(e)

(f)

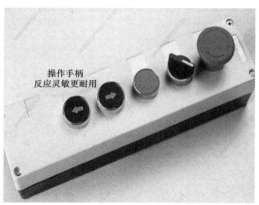

(g)

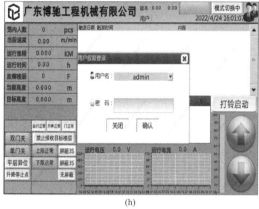

(h)

(i)

(j)

图 3-19　智能施工升降机操作步骤（二）

（e）单极开关打下；（f）解除电锁；（g）笼顶模式和急停解除；（h）用户登录；（i）人脸识别检测后切换至手动；
（j）按下启动警示铃启动

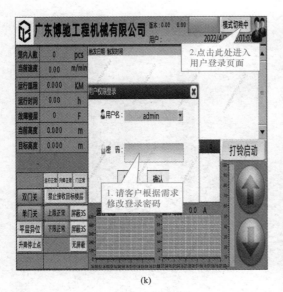

(k)

(l)

图 3-19　智能施工升降机操作步骤（三）

（k）观察界面是否切换至手动模式；（l）操作操纵杆

2. 自动模式运行操作

开机步骤与手动模式相同，自动模式切换步骤和手动模式开启相同。

（1）切换自动模式。

（2）观察人机界面是否切换至自动模式。

（3）按下启动警示铃启动。

（4）选择楼层号，如图 3-20 所示。

(a)

(a)

图 3-20　自动模式切换步骤

（a）切换自动模式；（b）观察界面是否切换至自动模式

(c)　　　　　　　　　　　　　　　　　(d)

图 3-20　自动模式切换步骤

（c）按下启动警示铃启动；（d）选择楼层号

任务 3.2.3　智能施工升降机安全事项

1. 安全装置

（1）限速器

为了防止施工升降机的吊笼超速或坠落而设置的一种安全装置，分为单向式和双向式两种：单向限速器只能沿吊笼下降方向起限速作用；双向限速器则可沿吊笼的上下两个方向起限速作用。限速器应按规定期限进行性能检测。

（2）缓冲弹簧

缓冲弹簧装在与基础架连接的弹簧座上，以便当吊笼发生坠落事故时，减轻吊笼的冲击，同时保证吊笼和配重下降着地时成柔性接触，减缓吊笼和配重着地时的冲击。缓冲弹簧有圆锥卷弹簧和圆柱螺旋弹簧两种。每个吊笼对应的底架上有两个或三个圆锥卷弹簧或四个圆柱螺旋弹簧。

（3）上、下限位器

上、下限位器为防止吊笼上、下时超过需停位置，或因司机误操作以及电气故障等原因继续上行或下降引发事故而设置的装置，安装在吊笼和导轨架上。限位装置由限位碰块和限位开关构成，设在吊笼顶部的最高限位装置，可防止冒顶；设在吊笼底部的最低限位装置，可准确停层，属于自动复位型。

（4）上、下极限限位器

上、下极限限位器是在上、下限位器不起作用时，当吊笼运行超过限位开关和越程（越程是指限位开光与极限位开关之间所规定的安全距离）后，能及时切断电源使吊笼停车。极限限位是非自动复位型，动作后只能手动复位才能使吊笼重新启动。极限限位器安装在吊笼和导轨架上。

（5）安全钩

安全钩是为防止吊笼达到预先设定位置，上限位器和上极限限位器因各种原因不能及时动作，吊笼继续向上运行，导致吊笼冲击导轨架顶部面发生倾翻坠落事故而设置的钩形块状，也是最后一道安全装置。它能使吊笼上行到轨架安全防护设施顶部时，安全地钩在导轨架上，防止吊笼出轨，保证吊笼不发生倾覆坠落事故。

（6）急停开关

当吊笼在运行过程中发生各种原因的紧急情况时，司机能在任何时候按下急停开关，使吊笼停止运行。急停开关必须是非自行复位的安全装置，一般安装在吊笼顶部。

（7）吊笼门、防护围栏门连锁装置

施工升降机的吊笼门、防护围栏门均装有电气连锁开关，能有效地防止因吊笼或防护围栏门未关闭就启动运行而造成人员的物料坠落，只有当吊笼门和防护围栏完全关闭后才能启动运行。

（8）楼层通道门

施工升降机与楼层之间设置了运料和人进出的通道，在通道口与施工升降机结合部必须设置楼层通道门。楼层通道门的高度不低于1.8m，门的下沿离通道面，不应超过50mm。此门在吊笼上下运行时处于常闭状态，只能在吊笼停靠时才能由吊笼内的人员打开。应做到楼层内的人员无法打开此门，以保证通道口处在封闭的条件下不出现危险。

（9）通信装置

由于司机的操作室位于吊笼内，无法知道各楼层的需求情况和分辨不清哪个楼层发出信号，因此必须安装一个闭路的双向电器通信装置。司机应能听到每一楼层的需求信号。

（10）地面进口处防护棚

施工升降机安全完毕时，应及时搭设地面出入口的防护棚，防护棚搭设的材质选用普通脚手架钢管，防护棚长度不应小于5m，有条件的可与地面通道防护棚连接起来。宽度应不小于升降机底笼最外部尺寸。其顶部材料可采用50mm厚木板或两层竹笆，上下竹笆间距应不小于600mm。

（11）断绳保护装置

吊笼和配重的钢丝绳发生断绳时，断绳保护开关切断控制电路，制动器抱闸停车。

2. 参与人员的职责

（1）主要负责人职责

主要负责人是电梯安全使用的主要责任人，履行下列主要职责：

1）建立、健全电梯安全使用责任制，设置安全管理机构或者配备安全管理人员。

2）根据电梯使用特点和安全需要，配备电梯司机。

3）组织制定电梯安全使用相关规章制度和操作规程。

4）组织制定电梯意外事件和事故应急救援预案。

5）保证电梯安全使用所需的必要投入，并有效实施。

6）督促、检查电梯安全使用工作，及时消除事故隐患。

7）及时、如实向有关部门报告电梯使用过程中发生的安全事故。

（2）安全管理人员职责

电梯安全管理人员是电梯安全使用具体工作的负责人，对本单位电梯安全使用履行下列职责：

1）建立并管理电梯技术档案，认真填写相关记录。

2）妥善保管好电梯层门钥匙、机房钥匙。

3）做好电梯使用登记或者变更、注销手续工作，编制年度电梯定期检验计划，及时更换"安全检验合格"标志。

4）监督、确认电梯日常维护保养单位的定期检修、保养电梯工作。

5）对电梯使用状况进行经常性检查，纠正和阻止电梯在使用过程中的违规行为，发现问题应及时处理，情况紧急时，可以决定停止电梯使用，并及时向单位主要负责人报告。

6）负责组织实施电梯应急救援预案的演习，参加电梯安全事故的调查处理工作。

（3）操作人员职责

电梯操作人员是电梯安全使用的直接实施者，电梯操作人员应履行下列职责：

1）严格执行电梯操作规程和安全规章制度，及时纠正和阻止搭乘人员的违规行为，正确使用电梯。

2）做好电梯日常检查工作，认真填写相关记录。

3）做好日常清洁工作，保持电梯地面清洁无杂物、其中物品放置整齐。

4）配合电梯管理人员开展各项工作，配合电梯检验、维保工作。

5）作业过程中发现事故隐患或其他不安全因素时，应当立即向电梯安全管理人员或单位主要负责人报告。

3. 操作安全要求

（1）升降机操作人员必须持证上岗，并要经过专业机型培训。要求熟悉和掌握升降机手册全部内容，能理解和应用所制订的规定条例和安全操作规程，有丰富操作经验及较强的应变能力。

（2）雷电或当顶部风速超过 20m/s 等恶劣气候下，不得开动升降机。

（3）在"保养和维修"规定内容完成之前，不得操作升降机，带对重的施工升降机严禁在对重没有安装的情况下正常使用。

（4）确保超载保护装置工作正常，动作灵敏，各限位碰块位置正确，严禁超载运行。

（5）当护栏、导轨架、附墙架、笼顶有人工作时，绝对禁止启动升降机，所有远程和人工操作均处在关闭状态，确保控制由顶笼人员操作。

（6）每天首次使用升降机时，应在地面层站位置多次点动升降吊笼，验证电机制动器功能正常可靠后，再正常使用。

（7）发现故障或危及安全情况时，应立即报告现场安全负责人，在故障排除之前，不得启动升降机。

（8）智能施工升降机使用完毕，必须停靠首层，进行人员清空和清洁维护等相关工作。

（9）按下急停按钮，锁上电锁，关好吊笼门窗。

（10）锁好护栏门，切断下电箱内主电源，锁好下电箱。

在安装验收后需要编制《施工升降机安全生产预防措施及应急救援预案》，升降机检查评定应符合《施工升降机安全规程》GB 10055—2007 和《建筑施工升降机安装、使用、拆卸安全技术规程》JGJ 215—2010 的规定。

4. 安全操作规程

（1）管理、操作由专设人员负责，管理、操作人员必须取得国家特种设备安全监督管理部门颁发的特种设备作业人员证书。

（2）每日投入运行前，应由管理或操作人员开启钥匙，并进行空载试运行，在确认设备运行无异常情况时，方能正式运行。

（3）多班制运行时，管理或操作人员在上下班前后应办理交接班手续。

（4）不允许装运易燃易爆危险品，如遇特殊情况，必须经安全管理部门同意，并采取安全保护措施。

（5）不允许超载运行，电梯无超载限制功能时，操作人员必须严格限制进入轿厢的人数或货物的重量。

（6）有司机和有、无司机两用电梯，操作人员在离开电梯前应将电梯停在正常层站，使电梯处于停止或自动运行状态，锁好操纵箱门，将电梯钥匙随身带离。

（7）层门钥匙（简称"三角钥匙"）由电梯管理部门保管，电梯、自动扶梯、杂物电梯的操纵钥匙由电梯管理或操作人员保管，电梯三角钥匙应与电梯操作钥匙分开存放。不得出借电梯钥匙、三角钥匙给无作业人员资格证书的人来操纵和使用。

（8）出现故障时，管理或操作人员应及时通知维保单位，并协助维保人员完成合适的工作，服从维保人员的指挥，不得随意离开自己的岗位，不得擅自对电梯进行修理，非专业检修人员不得上轿厢顶或者进入自动扶梯的驱动和转向站。

（9）乘用人员应服从管理或操作人员的指挥，或依照"安全须知"正确、文明地乘用电梯、自动扶梯。

（11）施工企业必须建立健全施工升降机的各类管理制度，落实专职机构和管理人员，明确各级安全使用和管理责任制。

（12）升降机的司机应经有关行政主管部门培训合格的专职人员，严禁无证操作。

（13）司机应做好日常检查工作，即在电梯每班首次运行时，应分别做空载和满载试运行。

（14）建立和执行定期检查和维修保养制度，每周或每旬对升降机进行全面检查，对查出的隐患按"三定"原则落实整改。整改后须经有关人员复查确认符合安全要求后，方能使用。

（15）梯笼乘人、载物时，应尽量使荷载均匀分布，严禁超载使用。

（16）升降机运行至最上层和最下层时，严禁以碰撞上、下限位开关来实现停车。

（17）司机因故离开吊笼及下班时，应将吊笼降至地面，切断总电源，并锁上电箱门，防止其他无证人员擅自开动吊笼。

（18）风力达 6 级以上，应停止使用升降机，并将吊笼降至地面。

（19）各停靠层的运料通道两侧必须有良好的防护。楼层门应处于常闭状态，其高度应符合规范要求，任何人不得擅自打开或将头伸出门外，当楼层门未关闭时，司机不得开动电梯。

（20）确保通信装置完好，司机应当在确认信号后方能开动升降机。作业中无论任何人在楼层发出紧急停车信号，司机都应当立即执行。

（21）升降机应按规定单独安装接地保护和避雷装置。

（22）严禁在升降机运行状态下进行维修保养工作。若需维修，必须切断电源并在醒目处挂上"有人检修，禁止合闸"的标志牌，并有专人监护。

5. 实施安全教育

由电梯管理员负责对电梯机房值班人员、电梯司乘人员实施安全教育，使他们树立"安全第一"的思想，熟知电梯设备的安全操作规程和乘梯安全规则。

（1）电梯司梯人员操作安全管理

为了确保电梯的安全运行，司梯人员均持证上岗。并制定了相应的司梯人员安全操作守则：

1）保证电梯正常运行，提高服务质量，防止发生事故。

2）要求司机坚持正常出勤，不得擅离岗位。

3）电梯不带"病"运行、不超载运行。

4）操作时不吸烟、不闲谈等。

（2）执行司机操作规程

1）每次开启厅门进入轿厢内，必须进行试运行，确定正常时才能载人。

2）电梯运行中发生故障，立即按停止按钮和警铃，并要求及时修理。

3）遇停电时，电梯未平层，禁止乘客打开轿厢门，且应及时联系外援。

4）禁止运超大、超重的物品。

5）禁止在运行中打开厅门。

6）工作完毕时，应将电梯停在基站并切断，关好厅门。

（3）加强对乘梯人员的安全管理

制定电梯乘梯人员安全使用乘梯的警示牌，悬挂于乘客经过的显眼位置。警告乘梯人员安全使用电梯的常识。乘梯须知应做到言简意赅，警示牌要显而易见。

6. 异常处理方案

（1）升降机异常的情况有两种：本地异常监控和远程异常监控。发生异常后首先本地监管快速响应，然后读取本地监控视频，根据监控视频判问题原因作出快速处理，最后恢复正常使用。异常操作流程，如图 3-21 所示。

图 3-21　智能施工升降机异常操作流程

（2）如果发现升降机无法正常使用，紧急操作流程如下：

1）发现异常立即拉断电闸，同时通知维修人员快速响应。

2）停靠到就近的平层上。

3）门机闸松开快速撤离。

4）维修人员到位后维修完成再降至底层。如图 3-22 所示。

图 3-22　智能施工升降机紧急操作流程

如果遇到特殊情况有以下注意事项：

1）不得采用电源开关或急停按钮作为正常运行中的中途停车。

2）不得通过开启安全窗来搬运长件货物。

3）轿厢顶部除电梯自身设备外，不得放置其他物品。

4）运送重量大的货物时，应将物件放置在电梯轿厢的中间位置，防止轿厢倾斜。

单元 3.3　智能施工升降机维修保养

任务 3.3.1　智能施工升降机维保基本要求

1. 智能施工升降机维保人员要求

（1）企业要始终对升降机"维修和保养"过程的安全负责，除按通常的安全措施开展工作外，还应依据国家或地方相关法律及条例。

（2）在升降机进行维修保养作业时，应把吊笼降至地面。无法下降的，应采用钢丝绳、手拉葫芦等方式可靠固定吊笼后方可作业，在升降机进行维修作业时，应保证安全器功能正常有效。

（3）现场操作人员、维护人员必须经过正规的智能施工升降机操作及安全培训，并考核合格后，才能对机器人进行操作、维护和维修，禁止非专业人员、培训未合格的人员操作、维护机器人，以免对该人员和机器人设备造成严重损害。严禁酒后、疲劳上岗。

（4）设备上不得放置与作业无关的物品，禁止作业现场堆放影响智能施工升降机安全运行的物品，禁止任何人在智能施工升降机作业范围内停留。

（5）智能施工升降机运行过程中，严禁操作者离开现场。

（6）电梯维修工按《设备检查保养计划表》进行日巡检，电梯维修工做好一般故障维修处理。

（7）电梯保养按《电梯维保合同》对电梯作月、季、年保养，按规定记录。

（8）电梯维修工应督促电梯维保公司进行保养，监督维修保养质量并记录情况，将维修保养、零部件更换及大修等情况记录在《设备保养记录表》。

（9）当电梯发生困人时，遵照"电梯困人故障救援工作程序"执行，电梯维修工应在15min 内到达现场。

2. 智能施工升降机跑合期后的检查调整

在升降机安装完成投入正常使用后，由于工作负荷的影响，引起各部件间连接、配合的变化，在使用一周后，必须进行如下调整：

（1）检测并调整导轨架垂直度。

（2）按要求紧固所有螺栓。

（3）对吊笼及传动机构进行检查调整，并进行润滑。

（4）调整电机制动器，保证同一吊笼内电机启制动同步。

（5）根据实际需要，适当调整上、下限位碰铁位置。

（6）检测各层门与吊笼的联动是否正常，联动装置配合距离符合要求。

（7）检查电缆上下运行情况，若发现电缆在吊笼下降时自行盘绕混乱，应重新调整。带电缆滑车的升降机，电缆运行不畅时，应调整电缆滑车垂直度，保证电缆不出现扭曲等状况。运行前后日维保详见表 3-7 和表 3-8。

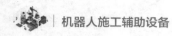

运行前检查维护 表3-7

序号	维护项与方法
1	检查上下限位碰块（与减速限位碰块、极限限位碰块为一体）确保可靠有效，检查超载保护装置，确保其工作正常
2	仪器检测各层门与吊笼的联动是否正常，联动装置配合距离符合要求
3	检查电机制动器，逐个观察制动器的开闭是否正常，必要时应进行制动性能试验

运行后检查维护 表3-8

序号	维护项与方法
1	检查吊笼通道应无障碍，并对吊笼进行清洁维护
2	用千分尺检查安全器齿轮齿条啮合，保证齿侧间隙在0.4～0.7mm之间
3	检查每个电机制动器的外护罩是否完好，防止外护罩缺失后，粉尘、雨水等影响制动器的性能而导致安全隐患

任务 3.3.2　智能施工升降机定期维护

1. 维护保养制度

日常维护保养是保证电梯安全运行、延长电梯使用寿命的重要手段，电梯的日常维护保养必须由具有相应资质的维保单位进行，并做到：

（1）安全管理人员应根据电梯的情况确定具有相应的维保单位，并签订维修保养合同，明确维保项目、周期。

（2）电梯维保周期至少每15日一次，必要时安全管理人员可根据电梯的运行状况要求增加维保的频率，并在维保合同中予以明确。

（3）电梯进行维保时，安全管理人员应及时、有效地通知相关使用人员，做好必要的安全防护措施，并与维保人员做好配合工作。

（4）安全管理人员应对维保工作的质量进行必要的监督和检查，对每次的维保工作予以签字确认，并将维保记录存档。

（5）维保人员如未按规定周期进行维保或维保质量存在问题的，管理人员应及时和维保单位协调，确保维保工作的正常进行。

（6）管理人员应定期对维保合同进行检查，并在维保合同有限期满前一个月签订下一周期的维保合同。

智能施工升降机是建筑工程施工中重大危险源之一，也是工程建设过程中施工安全监控的重点对象，升降机最大的隐患在日常保养，由于日常保养不到位，使得安全装置失灵，造成使用过程出问题，将导致事故发生，升降机一旦发生事故就比较严重，会造成群体伤亡事故。所以，升降机的维保分为日检、周检、月检、季检和年检，每一次的检查内容有相近之处，也有重点。

2. 日检

操作（管理）人员每天至少全程乘电梯上、下各一次，以评估安全运行状况，并重点观察如下内容：

（1）平层。

（2）层门的总体性能以及门保护装置的有效性。

（3）层站指示器、层站及轿厢操纵箱按钮。

（4）轿厢正常及应急照明。

（5）紧急报警装置。

3. 周检

（1）检查驱动板连接螺栓，应无松动。

（2）检查各润滑部位，应润滑良好，减速器油液不足时，应予以补充。

（3）检查导轨架、附墙系统、电缆滑车及齿条紧固螺栓应牢固。

（4）检查电缆臂及电缆保护架应无螺栓松动或位置移动。

（5）检查减速器有无异常发热及噪声（如果是使用蜗轮蜗杆式，蜗轮蜗杆减速器温升不得超过 60℃）。

（6）检查电器元件接头，应牢固可靠。

4. 月检

（1）检查驱动齿轮磨损情况，用法线千分尺测量，新齿 37.1mm，允许磨损到 35.3mm。如图 3-23 所示。

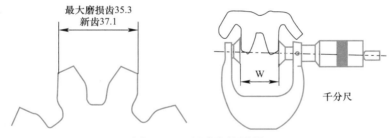

图 3-23　驱动齿轮测量

（2）检查齿条齿厚，用齿厚游标卡尺测量，新齿齿厚为 12.566mm，允许磨损到 10.6mm。用齿条规检测齿条的磨损情况，如果齿条规的两个卡脚均接触齿牙底部时，则应更换齿条。如图 3-24 所示。

（3）检查电机制动力矩，用杠杆和弹簧秤检查力矩为 120N·m ± 2.5%（8.5kW、11kW 电机）。

（4）检查电机制动器是否工作正常，同一吊笼内刹车是否同步，并及时更换制动盘和清理制动器。

（5）检查随行电缆，如有破损或老化应立即进行修理和更换。

（6）安全标志、安全检验合格标志的完好性。

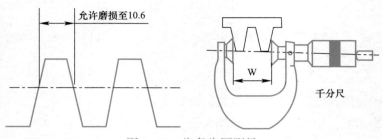

图 3-24　齿条齿厚测量

（7）日检记录及维保单位相关记录的完整性。

（8）底坑、井道、机房、驱动和转向站的安全性及漏水、渗水状况。

（9）通往保留给维修人员的房间、井道和机房和滑轮间的通道应安全、畅通，并有充分的照明。

（10）在明显并且容易接近的地方放置适用的消防器材。

5. 季检

（1）检查滚轮和导轮的轴承，根据情况进行调整或更换。

（2）检查滚轮磨损情况，并通过调整滚轮，使滚轮与立柱管间间隙为 0.5mm（松开螺母转动偏心轴，调准后再紧固）。如图 3-25 所示。

（3）测量升降机结构、电机和电气设备金属外壳接地电阻不超过 4Ω，电气及电气元件的对地绝缘电阻不小于 0.5MΩ，电气线路的对地绝缘电阻不小于 1MΩ。

（4）进行坠落试验，安全器应工作可靠。

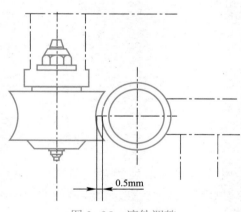

图 3-25　滚轮调整

6. 年检

（1）如果电机减速机为蜗轮蜗杆传动，则检查减速器蜗轮磨损情况，如图 3-26 所示，如果不是，则跳过此项。

（2）检查减速器和电机间联轴器弹性块是否老化、破损。

（3）全面检查零部件，并保养或更换。

（4）每年或设备转场使用前，必须对升降机结构件及焊缝进行一次彻底检查。

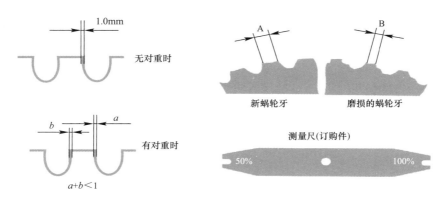

图 3-26 蜗轮磨损

产品一般易损件清单见表 3-9。用户应根据清单内容进行储备。

一般易损件清单 表3-9

名称	代号或规格	材料	备注
驱动齿轮	—	38CrMoA1	—
弹性垫块	—	聚氨酯	联轴器用
缓冲垫片	—	橡胶	—
滚轮	—	38CrMoAl	—
点击刹车片	—	—	电机制动器用
钢丝绳	Φ6	—	—
轴承1	（GB/T 276）6205	—	电缆滑车
轴承2	（GB/T 276）16002	—	电缆滑车
轴承3	（GB/T 276）6006	—	滚轮
轴承4	（GB/T 276）6309	—	背轮用

7. 定期报检制度

定期检验是由专业检验机构对电梯是否能够继续安全使用进行的一种监督性检验，是保证电梯安全运行的重要手段，为保证定期检验的有效实施，应做到：

（1）不得使用超过检验合格有效期或者检验不合格的电梯。

（2）电梯定期检验周期为一年，限速器校验周期为两年，杂物电梯的限速器校验周期为五年。

（3）电梯安全管理人员应在电梯安全检验合格有效期届满前一个月，主动向各市特种设备检验检测中心提出定期检验要求。

（4）电梯安全管理人员在接到检验受理通知后，应及时通知维保单位安排相关的专业人员到现场配合检验。

（5）定期检验时安全管理人员负责向检验人员提供有关的技术资料，如实反映电梯使用情况，并为检验人员提供必要的工作条件。

（6）检验不合格的电梯，管理人员应及时委托有资格单位进行整改，整改完毕后及时要求复检，检验合格的电梯方可继续投入使用。

单元 3.4　智能施工升降机常见故障及处理

　　施工升降机的保养从施工电梯合法投入使用手续之日起到工程竣工设备拆卸为止。设备的维护和保养应该承包给专门安装施工电梯的机械安装公司。正常的轻微使用施工单位可以自己检修，如果遇到机械损坏等问题则需要联系专业安装电梯的机械公司进行维修。

任务 3.4.1　智能施工升降机常见故障

1. 智能施工升降机故障信息

智能施工升降机常见的故障有：

（1）减速器漏油。

（2）电源开关跳闸。

（3）运行过程中有时动作不正常。

（4）吊笼上下运动时有自停现象。

（5）电机运行过程中启动难。

（6）电机有异响。

（7）吊笼启动时动作异常猛烈。

（8）吊笼运行时电机跳动。

（9）吊笼墩底等。

2. 智能施工升降机故障分析

（1）减速器漏油：原因可能是减速器密封件损坏、减速器观察孔盖螺丝未拧紧等。

（2）吊笼运行不平稳：原因可能是滚轮未调整好、驱动齿轮磨损超标、减速器轴弯曲、齿条损坏或齿条间过渡不好、齿条齿轮啮合不良等。

（3）吊笼制动时动作异常猛烈：原因可能是电机制动器动作不同步、驱动板连接部位松动、电机制动力矩过大等。

（4）制动器无动作或动作滞后：原因可能是制动电路出现故障、制动块磨损超标、拉手上的螺母拧得太紧、制动器有卡阻等。

（5）减速器振动大：原因可能是减速器润滑油的油量不足、齿轮磨损、联轴节损坏、轴承损坏、输出轴弯曲等。

（6）吊笼启动困难电机发热严重：原因可能是电源功率足、电压降过大、制动器动作不正常、超载等。

（7）漏电保护开关动作频繁，单级开关跳闸：原因可能是电器绝缘性不良、电路短路或漏电、动作电流过低等。

（8）钢丝绳磨损严重或有断丝现象：原因可能是钢丝绳润滑不良、天轮工作异常、使用寿命已到等。

任务 3.4.2 智能施工升降机故障处理

智能施工升降机常见故障处理办法见表 3-10。

抹光机器人常见事故处理办法 表3-10

序号	常见故障	故障分析	排除方法
1	减速器漏油	减速器密封件损坏	轻微漏油，打开放油螺塞，将油排出；严重漏油，更换密封件
2	吊笼运行不平稳	滚轮未调整好	调整偏心轴，使滚轮与立柱管间隙为0.5mm
		驱动齿轮磨损超标	更换驱动齿轮
		减速器轴弯曲	更换减速器轴
		齿条损坏或齿条间过渡不好	检查、更换齿条
		齿条齿轮啮合不良	调整滚轮保证齿线平行，齿侧隙为0.2～0.5mm
3	吊笼制动时动作异常猛烈	电机制动器动作不同步	调整制动器达到同步或清理制动器
		驱动板连接部位松动	拧紧连接螺栓，更换缓冲垫片
		电机制动力矩过大	检查制动力矩并放松至合理值
4	制动器无动作或动作滞后	制动电路出现故障	检查制动电路，排除故障
		制动块磨损超标	更换制动块
		拉手上的螺母拧得太紧	拧松螺母，退至开口销处
		制动器有卡阻	清理、润滑制动器
5	减速器振动大	减速器润滑油，油量不足	补充润滑油
		齿轮磨损	检查更换齿轮
		联轴节损坏	检查、修复联轴节
		轴承损坏	更换轴承
		输出轴弯曲	更换输出轴
6	吊笼启动困难，电机发热严重	电源功率不足，电压降过大	停机，电压正常后，再继续使用
		制动器动作不正常	检查、修复制动器
		超载	禁止超载
7	滚轮卡阻，异响	轴承损坏	更换轴承并保证润滑
		滚轮磨损超标	更换滚轮
8	钢丝绳磨损严重或有断丝现象	钢丝绳润滑不良	按要求润滑
		天轮工作异常	检查、修复天轮
		使用寿命已到	更换钢丝绳
9	漏电保护开关动作频繁，单级开关跳闸	电器绝缘性不良	检查各电器接地电阻，修理或更换
		电路短路或漏电	检修电路
		动作电流过低	调整动作电流或更换
10	交流接触器粘连	交流接触器烧结	更换交流接触器

序号	常见故障	故障分析	排除方法
11	供电电源及控制电路正常,电机不工作	电缆断股	检修电缆,可靠连接
		电机内一组线圈被烧坏	检修电机
12	吊笼墩底	超载	禁止超载
		下限位和极限限位开关不正常	按要求检查各限位,保证使其处于正常工作状态

小结

本项目首先介绍了传统建筑施工升降机的定义、组成及性能,智能施工升降机定义、组成及性能,通过智能施工升降机和传统施工升降机的对比,突出智能施工升降机的优势;其次,介绍了智能升降机的安装条件、安装过程以及安装时的操作要点以及安全注意事项;然后,介绍了智能施工升降机使用过程中的安全注意事项以及使用过程中的维修保养的基本要求;最后,介绍了智能施工升降机使用过程中常见故障及处理方式。本项目对智能施工升降机的定义、构造、安装条件、安装方法,以及使用过程中的安全注意事项、维护保养、故障处理等都做了详细介绍。

巩固练习

一、单项选择题

1. 建筑楼层在( )层以上一般需要施工电梯。
    A. 二   B. 三   C. 六   D. 九

2. 施工电梯在使用过程中由( )保养维修。
    A. 施工单位   B. 分包单位   C. 机械安装公司   D. 监理单位

3. 施工升降机标准节中心距离建筑物外边缘净间距为( )mm。
    A. 1400   B. 3200   C. 4500   D. 5000

4. 雷电或当顶部风速超过( )m/s 等恶劣气候下,不得开动升降机。
    A. 15   B. 20   C. 25   D. 30

5. 施工电梯附着到主体结构上,在( )施工项目开始前需要安装施工电梯。
    A. 抹灰工程   B. 砌筑工程   C. 外墙砖施工   D. 屋面工程施工

二、多项选择题

1. 乘坐施工电梯时不允许的行为有( )。
    A. 吸烟   B. 吐痰   C. 遇到紧急情况按警铃
    D. 超员   E. 蹦跳

2. 需要考取相关工作证书才可上岗的人员是（　　　）。

A. 电梯操作人员　　　B. 电梯维护人员　　　C. 安全管理人员

D. 电梯乘坐人员　　　E. 电梯司机

3. 升降机的维保的周期包括（　　　）。

A. 日检　　　　　　　B. 周检　　　　　　　C. 月检

D. 年检　　　　　　　E. 季检

4. 下列属于升降机月检的内容是（　　　）。

A. 检查随行电缆，如有破损或老化应立即进行修理和更换

B. 安全标志、安全检验合格标志的完好性

C. 日检记录及维保单位相关记录的完整性

D. 底坑、井道、机房、驱动和转向站的安全性及漏水、渗水状况

E. 全面检查零部件进行保养更换

5. 电梯安装时注意事项有（　　　）。

A. 安装作业前，应根据升降机专项施工方案和使用说明书的要求，对安装人员进行安全技术交底，安装人员在交底书上签字备案

B. 安装作业中应统一指挥，分工明确

C. 遇大雨、大雪、大雾或风速大于 13m/s 等恶劣天气时，应停止安装作业

D. 电梯安装后即可投入使用

E. 可以强行开启电梯门

三、简答题

1. 传统建筑施工升降机由哪几部分组成？

2. 智能施工升降机运行具体分为哪几种？

3. 无论传统或智能施工升降机，在维护、保养和使用完毕时，必须停靠在首层，为什么？

4. 智能施工升降机的特点有哪些？层站平层停靠与传统相比有哪些优势？

5. 简述智能施工升降机手动模式将如何转换为自动模式。

6. 简述施工升降机定期维保的意义。

7. 施工升降机附墙连接有几种？具体有哪些？

8. 简述智能施工升降机异常的操作流程。

9. 供电电源及控制电路正常，电机不工作是由哪些因素所造成的？

10. 吊笼启动困难、电机发热严重，有可能是什么原因造成？

11. 简述智能施工升降机年检的主要内容。

参考答案

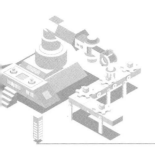

项目 **4** 楼层清洁机器人 >>>

【知识要点】

了解楼层清洁机器人的功能、原理、架构及技术特点，掌握软件运行平台组成及其操作程序，掌握楼层清洁机器人操作原理。

【能力要求】

具有运用 App 软件对楼层清洁机器人进行正确操作的能力；具有编制楼层清洁机器人设计路径和修正路径的能力。

4-1
楼层清洁机器人

单元 4.1　楼层清洁机器人性能

任务 4.1.1　楼层清洁机器人基本原理

1. 楼层清洁机器人概述

楼层清洁机器人由行走机构、执行机构、控制系统、障碍感知等部分组成，集清扫、

图 4-1　楼层清洁机器人

垃圾回收等功能于一体，是用于建筑室内楼层清洁的专用机器人，可有效保障室内施工环境，为后续装修施工的质量保障奠定了基础。如图 4-1 所示。

（1）运行原理

楼层清洁机器人运行由机器本体、驱动轮、清扫装置、清扫驱动单元、楼层传感器和控制器。

驱动轮将机器本体支撑在清洁面的上方，清扫装置和楼层传感器均设置于机器本体上，清扫驱动单元用于驱动清扫装置执行清洁操作。楼层传感器用于检测清洁机器人的楼层环境，并将指示楼层环境的楼层信号发送给与楼层传感器通信的控制器，控制器根据接收的楼层

传感器发送的楼层信号确定清扫控制信号，并发送清扫控制信号给清扫装置的清扫驱动单元，清扫驱动单元根据清扫控制信号驱动清扫装置使清扫装置根据清洁机器人所位于的当前楼层的楼层属性执行清扫。

（2）适用范围说明

楼层清洁机器人主要用于建筑结构装修阶段，在预制板安装前、墙砖铺贴前后，可对地面粒径不大于 30mm 的建筑垃圾进行自动清扫作业。机器人在室内通过激光与超声波感知方式实时获取自身位置数据，匹配规划的清扫线路，自动对室内地面进行清洁。清洁覆盖率大于 85%，清洁时采用风机抑尘，可有效避免扬尘产生，破坏工作环境。机器人清洁后地面无明显的灰尘和块状垃圾，满足后续施工质量验证标准。

（3）工作场地要求

1）电梯要求

① 电梯开门宽度≥850mm。

② 电梯轿厢长度≥1300mm。

③ 电梯额定载荷≥600kg。

2）其他要求

① 机器适用于楼层地面自动清扫，室外不支持自动清扫，仅支持手动遥控。

② 应确保提前联系售前人员，向其提供平面地图，用作 BIM 施工路径规划准备。

③ 使用 BIM 设计路径自动作业，作业前必须进行虚拟仿真试运行，如发现机器人有碰触现象，或现场实物存在偏差而发生剐蹭，需停机人为修正地图点位，及时对 BIM 地图进行改正，避免造成撞墙的事故风险。

④ 清扫过程中，为保证机器长久正常运行，尽量保证地面没有超过 30mm 粒径的垃圾，超过 30mm 大块垃圾容易损坏主刷、边刷、裙边，从而影响易损件的使用寿命。

⑤ 地面台阶或突起障碍物高度不大于 30mm，坡度不大于 ≤10°。

⑥ 行进路线地面突出的螺栓已由人工切割完毕。

⑦ 地面直径超过 50mm × 50mm 的孔洞，需要人工封盖。

⑧ 提供 220V/3000W 电源的充电场所，机器人充电器插头规格为 10A。

⑨ 施工区域无建筑物料、工具等杂物。

⑩ 施工装修环节后，对于客厅进入卧室存在地面高低差的现象，使用橡胶斜坡垫（备品备件）。

⑪ 水漫工作场地，在清扫时，需留意水深不超过 1cm，机器人清扫积水或湿润地面完毕后，应立即清理机器人收集垃圾箱和主刷风道，防止灰尘或混凝土凝固，堵塞风道或使垃圾箱无法清理，造成元器件损坏。

⑫ 当机器人遇到丝带或铁丝类的物体缠绕边刷、主刷时，需及时清理，否则会影响清扫效果和零部件寿命。

2. 楼层清洁机器人功能

楼层清洁机器人主要应用于建筑施工过程中楼层内地面清扫作业，可有效地保障建筑施工环境干净、整洁，且为部分施工工艺（如地砖铺贴）提供了高标准的地面整洁度前置条件，提升施工质量。

楼层清洁机器人主要功能、指标。如图 4-2 所示。

序号	主要功能		序号	指标名称	指标值
1	自动清扫吸尘		1	最大自重	≤400kg
			2	续航时间	4h(2000次充放电后容量衰减为80%)
2	高精度定位		3	底盘定位误差	≤±30mm
			4	最大工作速度	0.5m/s
3	自动导航		5	最大爬坡角	≤10°
			6	外形尺寸	≤1000mm×750mm×1200mm
			7	越障能力	≤30mm
4	自动停障		8	最大清扫能力	200m²/h
			9	清洁宽度	900mm
			10	防护等级	IP54
5	垃圾箱料位检测		11	使用寿命	5年

图 4-2 楼层清洁机器人主要功能指标

任务 4.1.2　楼层清洁机器人结构

1. 电气系统设计

楼层清洁机器人整机电气系统包括自动导航系统、行走系统、清扫系统、除尘系统共四部分。自动导航系统由陀螺仪、激光雷达等模块组成；行走系统由底盘、驱动轮、转向轮等模块组成；清扫系统由边刷、滚刷等模块组成；除尘系统由吸气管口、集尘流道、垃圾箱、风机等模块组成。该机器人具备电量实时监控、剩余电量提醒、料斗倾倒等功能。

激光雷达、陀螺仪等传感器用作机器人探测环境的数据来源，AGV 控制器根据环境数据进行定位与建图、全覆盖式路径规划，确定机器人的位置，停障防碰，控制器控制机器人自动工艺以及清扫作业。清扫作业包括边刷和滚刷的运动，以及抽气过滤、倾倒废料等动作。

楼层清洁机器人的电气设计，如图 4-3 所示。

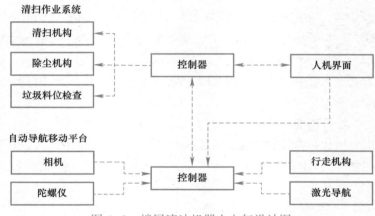

图 4-3　楼层清洁机器人电气设计图

2. 机械结构

楼层清洁机器人机械结构由垃圾箱、底盘模组、电控柜、吸尘机构、抑尘机构等组成，如图 4-4 所示。

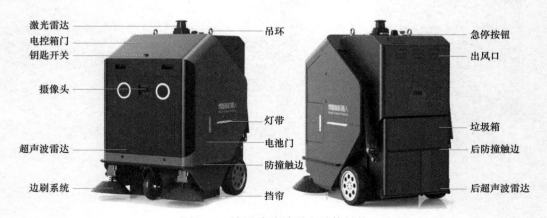

图 4-4　楼层清洁机器人总体结构

任务 4.1.3　楼层清洁机器人特点

楼层清洁机器人主要有三种技术特点：

（1）抽气抑尘技术，其通过双风机抽风控尘、双滤芯抑尘、振尘防滤芯堵塞等功能实现了无需用水也可实现积灰面清扫，且无明显扬尘的效果。

（2）自动清扫技术，无需专人看守，自动清扫，大作业面清扫优势明显、环保、健康。

（3）小型化技术，其通过性强，能进行小面积房间、狭窄通道自动清扫。

楼层清洁机器人吸扫结合，清理能力强，对混凝土块、灰尘均能高效清理。通过高效的作业技术，其清扫效果明显优于人工作业，清扫路径全覆盖，有效避免清扫遗漏，能轻松应对凹坑、沟槽等清扫难度较大区域。产品主要技术参数见表4-1。

产品主要技术参数　　　　　　　　　　　　　　　　　　表4-1

序号	指标名称	指标含义	指标值
1	整机尺寸	机器人的外形尺寸：（长×宽×高）	1000mm×750mm×1200mm
2	电压	机器人的工作电压	DC48V
3	越障高度	机器人可跨过最大障碍物高度	30mm
4	整机重量	机器人的最大自重	400kg
5	爬坡能力	机器人的最大爬坡角度	10°
6	电池续航时间	机器人的电池续航时间	4h（2000次充放电后容量衰减为80%）
7	电池充电时间	机器人的电池充电时间	2h
8	相机参数	机器人的相机参数	单目结构光，精度1m：3mm； FOV：H58.4°，V45.5°； 扫描频率84kHz； 角分辨率0.042°； 室内USB2.0
9	雷达参数	机器人的雷达测量范围	测量范围10m
10	WiFi信号距离	机器人WiFi的信号距离	10m
11	直线行驶速度	机器人的直线行驶速度	0～1000mm/s
12	转弯速度	机器人的转弯速度	0～0.5rad/s
13	转弯半径	机器人的最大转弯半径	≥800mm
14	停障	机器人的停障方式	超声波+防撞触边

单元 4.2 楼层清洁机器人运行

任务 4.2.1 楼层清洁机器人使用条件

1. 施工准备

（1）作业条件

1）保证地面没有超过 30mm 粒径的大块垃圾，地面台阶或突起障碍物高度不大于 30mm，坡度不大于 10°。

2）保证地面没有丝带、铁丝类的物体。

3）行进路线地面突出的螺栓已由人工切割完毕。

4）地面直径超过 50mm 的孔洞，需要人工封盖。

5）提供 220V/3000W 以上电源的充电场所。

6）施工区域无建筑物料、工具等杂物。

7）避免水漫工作场地。

8）施工装修环节后，对于客厅进入卧室存在地面高低差现象，使用橡胶斜坡垫。

（2）技术准备

楼层清洁机器人技术准备是作业准备的核心。任何技术上的差错或隐患都可能引起人身安全和质量事故，造成生命、财产和经济的巨大损失，因此必须认真做好技术准备工作。

1）熟悉、审查施工图纸和设计、施工验收规范等有关技术规定。

2）明确建设、设计和施工等单位之间的协作关系，以及建设单位可以提供的作业条件。

3）进行作业工程的实地勘测和调查，获得作业数据的第一手资料；做好自然条件调查分析、技术经济条件调查分析。

4）根据作业工程的规模、结构特点和建设单位的要求，在原始材料调查分析的基础上，编制切实可行的施工活动的科学方案。

5）明确安全文明施工要求，严格执行"三级安全教育"；确定作业施工技术规范和质量要求、作业进度与工期要求，完成作业技术交底。

2. 作业人员配置

楼层清洁机器人作业配置见表4-2。

楼层清洁机器人作业配置 表4-2

序号	人员	数量	作用
1	现场施工员	1	多机管理
2	电工	2	项目施工现场

序号	人员	数量	作用
3	机器人操作人员	1	操作机器人
4	机器人作业保障人员	1	多机保障
5	人机协作工人	2	人工首次清理

任务 4.2.2　楼层清洁机器人作业功能模块

为完成楼层清洁机器人智能施工作业，根据楼层机器人作业施工工序设计出逻辑清晰明确、操作自动简洁的功能模块，通过一系列的程序设计实现 App 软件的智能化操作。其设计总览如图 4-5 所示。

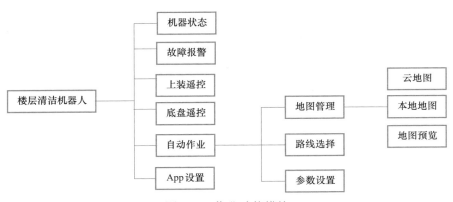

图 4-5　作业功能模块

1. 功能模块操作流程：

（1）整机功能：包括自动、手动模式转换，平板电量显示。

（2）开机自检：包括 Pad 与 TX2，TX2 与 PLC，TX2 与激光雷达，检查舵轮与 TX2 的通信情况。

（3）故障报警：包括当前出现的故障、当前消除的故障、故障历史。

（4）上装遥控：在手动模式下对上装 PLC 的一系列操作。

（5）初始位置：包括地图显示，初始位置的设置，定位显示，激光显示。

（6）底盘遥控：包括控制前进、后退、左旋转、右旋转。

（7）路线选择：可以进行当前房间和路线的切换。

（8）自动作业：自动模式下对当前站点的设定以及当前速度和运动状态。

（9）参数设置：包括对底盘前进、后退、旋转速度的设置，上装 PLC 滚刷和风机的参数设置等。

（10）机器设置：可以查询显示当前机器的底盘 IP 地址和版本、App 当前版本、清除缓存、皮肤切换等。

2. 连接登录

（1）打开 App，进入连接页面，输入机器人 IP 和端口号连接机器人。如图 4-6 所示。

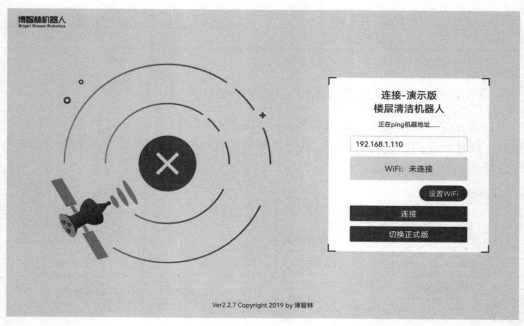

图 4-6　连接界面

（2）连接成功后，输入账号密码，登录机器人。如图 4-7 所示。

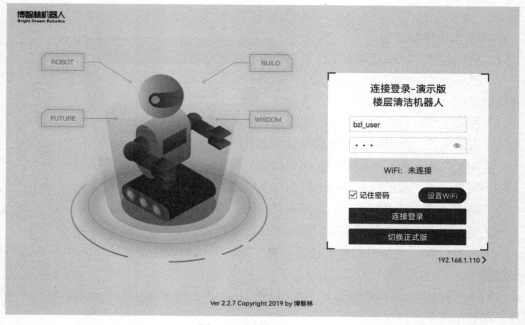

图 4-7　连接登录界面

3. 机器状态

登录进入手动、自动模式下均可以查看机器的状态信息。如图 4-8 所示。

图 4-8 机器状态界面

4. 底盘遥控

（1）登录 App，切换主菜单的底盘遥控功能，可查看机器的当前位置、当前使用的地图和底盘操作盘。如图 4-9 所示。

底盘操作盘的可控制机器的前进、后退、左转、右转功能。

图 4-9 底盘遥控界面

（2）点击底盘遥控页面中的【速度设置】按钮，可设置底盘的横移速度、执行速度和转弯速度。如图 4-10 所示。

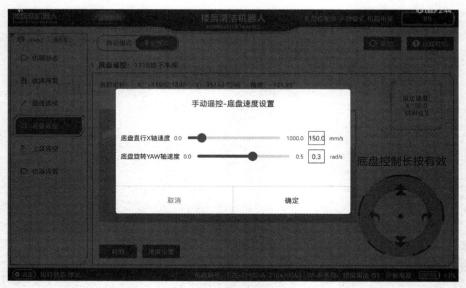

图 4-10　速度设置界面

（3）点击底盘遥控页面的【对图】按钮，可设置机器在地图上的正确位置，匹配地图，校准机器人在作业现场的位置。如图 4-11 所示。

图 4-11　对图确认界面

（4）点击【底盘遥控】页面中【对图】按钮，进入初始位置设置页面，根据机器人在作业现场位置，拖动机器人图标到相应位置，点击【确定】按钮。如图 4-12 所示。

图 4-12　位置校正界面

5. 路线选择

（1）先在手动模式下选择作业任务，在导航栏中点击【路线选择】进入路线选择页面。如图 4-13 所示。

图 4-13　路线选择界面

启动运行后，会显示当前站点信息和运行状态，如图 4-14 所示。中途可控制机器人的作业启动过程，可控制手动模式切换、启动任务、暂停 / 继续任务、停止任务、急停和急停复位。

图 4-14 运行状态

（2）在【地图管理】中选择作业地图，在路径下拉框中选择作业路径，以上作业路径中包含了机器人的运动轨迹节点位置信息，以及在每个节点将要完成的上装任务动作。如图 4-15 所示。

图 4-15 地图管理界面

6. App 设置

在 App 设置页面，可操作切换皮肤、查看任务基本信息、重新同步机器数据以及退出登录。如图 4-16 所示。

图 4-16　App 设置

7. 上装遥控

上装遥控包括主刷开关、主刷升降、边刷开关、边刷升降、料斗升降和开门关门、风机和振尘的开关以及灯带屏蔽开关，如图 4-17 所示。开关会读取当前的状态显示，升降操作考虑到安全性问题需要长按进行操作。

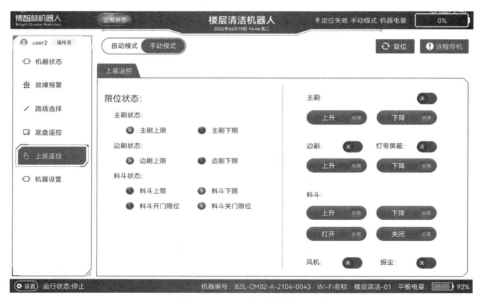

图 4-17　上装遥控界面

8. 故障报警

故障报警包括 TX2 和 PLC、TX2 和激光雷达、舵轮报警、边刷电机报警、主刷通信、振尘驱动、料斗升降驱动和电池通信报警。

故障报警分为当前故障和历史故障，从图 4-18 的左侧可以看到机器的实时报警，右侧可以看到机器的历史故障，可以进行故障的清除和屏蔽蜂鸣器的开关。

图 4-18　故障报警界面

9. 机器设置

机器设置界面主要用户可以对机器的参数进行设置，像主刷速度、主刷扭矩、风机转速、料位报警、振尘延时、振尘时间、料斗升降速度、料斗升降行程、左振速度、右振速度以及边刷速度参数的设置，点击参数弹框输入设定值确认即可。如图 4-19 所示。

图 4-19　机器设置界面

10. App 自动清扫作业

提前准备 BIM 地图和路径后可进行自动清扫任务。

（1）点击【路径选择】【地图管理】，进入选择地图界面。① 点击【路线选择】→ ②【地图管理】→③ 选择对应房间的地图。如图 4-20 所示。

注意：路径设置必须在上装机构复位后进行，否则操作无法进行。

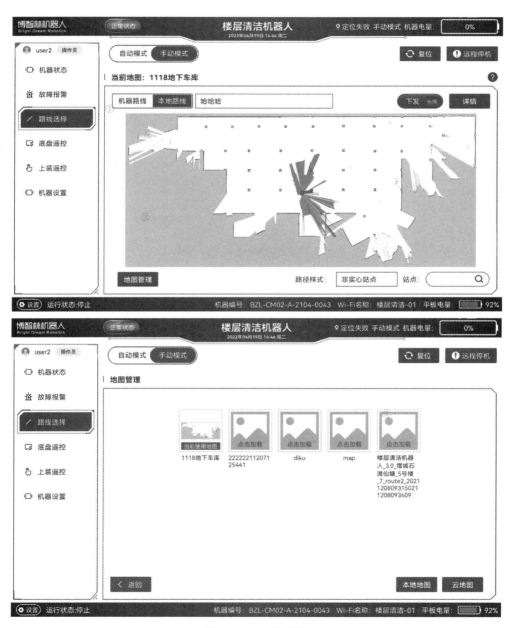

图 4-20　地图使用

（2）进入到【底盘控制】页面，点击【对图】。地图中间出现标志物，需移动图中标志物与机器人位置重合（机器所在房间的相对位置）。箭头方向为车头方向，点击【确定】。如激光覆盖阴影与房间吻合则对图成功，右上角会提示对图定位成功。如图4-21所示。

（3）返回【路线选择】点击【本地路线】，点开下拉框，选择要行走的路线。长按【下发】加载路线。如图4-22所示。

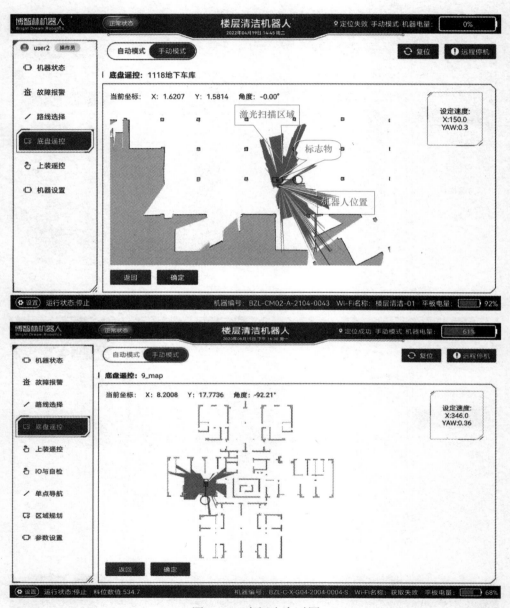

图4-21 房间吻合对图

（4）点击【自动模式】进入自动模式页面，点击【启动】填入开始站点数字。点击【确定】，即可开始执行任务，如图4-23所示。注意：在启动机器人自动模式时，首先需要在用手动模式将机器人移动至开始站点附近。

（5）机器人按照规划的路线跑完所有的点后结束作业。除了自动结束作业外，还可以点击【停止作业】提前结束作业。如图 4-24 所示。

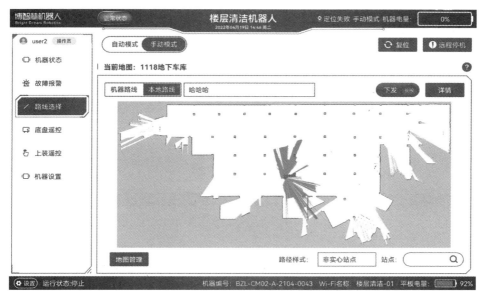

图 4-22　路线加载

11. 路径修改

（1）进入【路线选择】页面，选择【本地路线】（只可修改本地路线），选择需要修改的路径后点击【详情】。如图 4-25 所示。

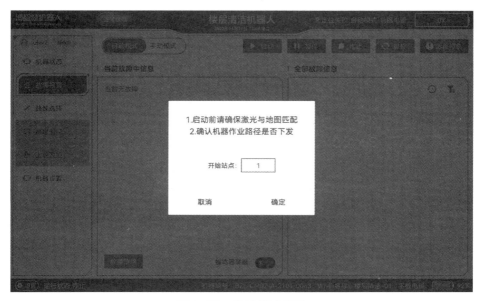

图 4-23　自动模式启动

图 4-24　停止作业界面

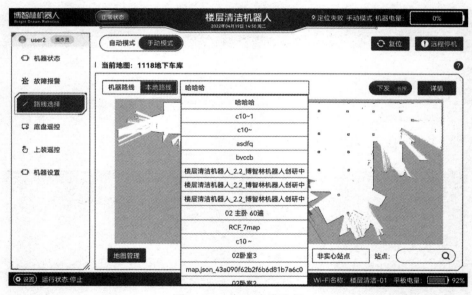

图 4-25　本地路线选择

（2）点击想要修改的站点，可看见该站点的详细信息。如图 4-26 所示。

（3）点击图 4-27 中站点框内图标，可使站点信息变为可修改。

1）X：增加数字点位向地图右侧移动，减少数字点位向地图左侧移动（单位 mm）。

2）Y：增加数字点位向地图上方移动，减少数字点位向地图下方移动（单位 mm）。

3）Z：该数据不用修改，默认 0。

4）角度：0°指向地图右侧，90°指向地图上方，-90°指向地图下方，180（-180）°指向地图左侧。

图 4-26　站点信息界面

图 4-27　站点坐标修改界面

5）工作站点：可选择该站点是否进行工作。

（4）修改后点击站点信息下，修行改完所有站点信息点击右下角【保存】。

（5）点击返回后重新选择该路径，即可使用修改后路径。

在点击返回后，如弹出提醒"是否退出路径修改"，表明修改的路径尚未保存；路径修改直接在原路径的基础上修改，修改前务必做好备份，否则原始数据会丢失而不可恢复。

12. 路径生成与修改

（1）新建路径需求

1）用户在浏览器中输入官方网址进入该平台。

2）对于尚未进行注册的新用户，可点击右侧界面中【新用户注册】按钮注册，如图 4-28 所示。用户在该注册界面输入 BIP 账号密码及联系电话即可注册，注册完成后点击【返回登陆】进入登录界面。

图 4-28　系统平台登录界面

3）已注册账户的用户可直接输入正确的用户名及密码来登录该系统，用户名和密码与集团 BIP 账号密码一致；用户可通过点击右上方【进入系统】按钮进入该平台。如图 4-29 所示。

图 4-29　系统平台界面

4）用户进入系统后，用户需点击图 4-30 中左侧框进入需求工单的提交页面，用户可以通过点击右上方【新建需求】按钮新建需求。

图 4-30　路径新建需求界面

5）用户通过点击【新建需求】按钮即可弹出如图 4-31 所示的新增需求界面；在此处下拉菜单中选择需要施工的项目、楼栋、楼层信息。

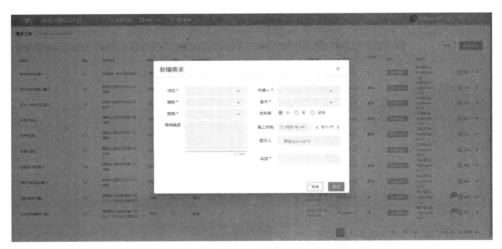

图 4-31　新增需求

6）在【场地描述】中，用户可在此对现场特殊要求进行填写（如有无墙板、烟道、立管等信息）。

7）用户需要在下拉菜单中选择对应施工的机器人名称及版本号。

8）【优先级】默认为【正常】，如有特殊原因需紧急施工，请与平台确认后再进行【高】或【紧急】等级的勾选。

9）【施工日期】为机器人计划进场施工日期，系统默认需求日后三天（标准时间），也可根据自身实际情况点击【＜】或【＞】进行施工日期的快捷切换。

10）【提交人】默认为该登录账号的 BIP 用户名，不可修改，请用户登录自己账号进行需求提交，不可代用他人账号。

11）【电话】为必填项，请务必填写准确，以便进行业务联系。

12）如图4-31所示，【*】为必填信息。用户填写完相关信息并检查无误后通过点击【保存】即可进行需求提交。

13）点击【查看】即可查看进度，再审批路径的输出页面，即可进行路径导出。如图4-32所示。

图4-32 需求进度

（2）导出路径

1）用户在主页通过点击左侧"路径生成"按钮即可进入如图4-33所示界面，用户可在该搜索栏输入机器人关键字对机器人进行搜索选择。通过点击机器人下方对应某一需要施工的机器人版本号，即可进入该款该版本机器人的可作业场地的列表查看界面。

图4-33 搜索选择

2）用户通过点击机器人对应某一需要施工的版本号，进入可作业场地列表查看界面。如图 4-34 所示。

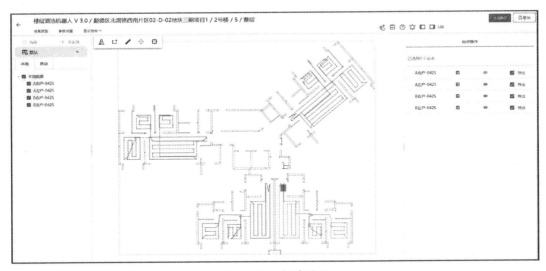

图 4-34 列表查看

3）用户通过点击某一场地列表后的【查看】按钮，进入如图 4-35 所示的界面。

图 4-35 查看界面

①【自动模式】下，选择【非连接】仅输出选择的房间内路径，不生成房间的衔接路径，导出的路径数据是以房间为单位导出的；选择【连接】则输出各选择的房间内路径及各房间之间的衔接路径，导出的路径数据是以可连接的所有房间为单位，不可连接的房间则独立导出。

②【本地模式】与【自动模式】的切换，【本地模式】为本地已经生成并上传的路径；【自动模式】基于上传的基础空间信息及视觉数据（如需要）并调用自动化算法自动在线生成的机器人作业路径。

③ 选择需要输出的房间、户、层（本地模式下）或仅以房间为最小输出单位（自动模式下）。

④ 点击【生成路径】按钮对选择的区域进行作业路径的生成，生成后可在区域中进行站点位的显示查看，并可对站点进行移动或删除编辑，确认无误后点击【导出路径】按钮导出路径至本地的操作，再下发至机器人。

4）导出的路径输入平板电脑（BZL/route），即可在 App 调用该路径。

注：如其格式不是 json 格式，需手动将后缀改为 .json 格式。

13. 地图下发

（1）导出的路径（json 格式文件）同时也是地图文件，需输入到平板电脑（BZL/map）。

（2）进入楼层清洁 App，进入【路线选择】，点击【地图管理】下的【云地图】。如图 4-36 所示。

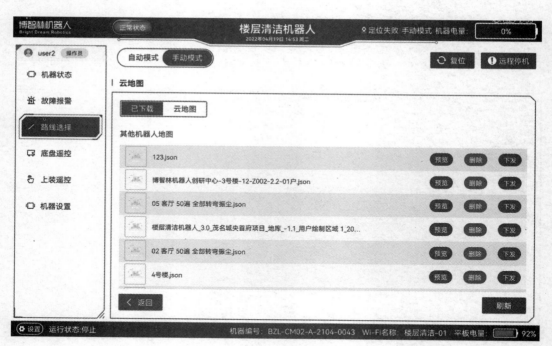

图 4-36　云地图

（3）解析地图

选择所需地图，点击【下发】后，确认即可向机器下发该地图。

注：机器解析地图的快慢与网络速度有关，一般需要 5～10min。解析完成后会弹出提醒窗口。如图 4-37 所示。

（4）路径编辑

路径编辑功能：如现场因为环境需要修改个别点位的位置。如图4-38所示。

1）在需修改点位左侧点击打钩，可展开查看详细数据。

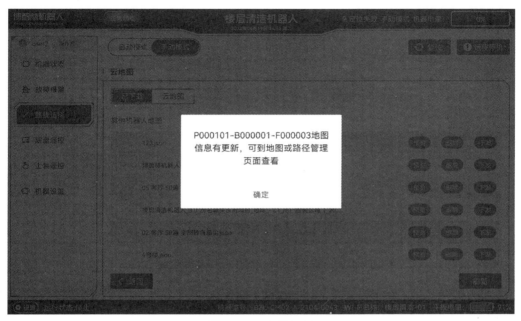

图 4-37 地图解析

2）数值框内填入点位所需移动具体数值（单位为 mm ）。

3）点击选择点位移动方向。

4）导出修改后数据。

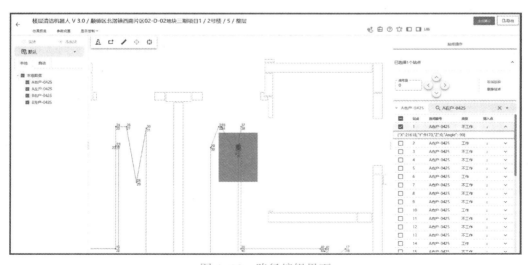

图 4-38 路径编辑界面

（5）仿真预览

1）点击仿真预览可以进行路径的三维仿真。如图4-39所示。

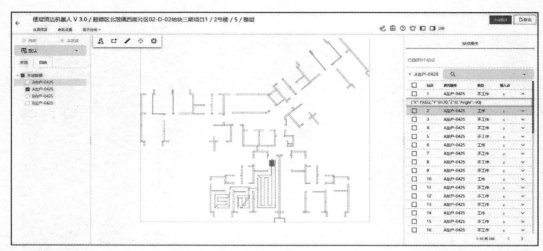

图4-39 仿真预览

2）仿真预览操作方式。按键盘F键可以快速定位到机器人位置→鼠标滚轮可以缩放场景→鼠标右键进行场景角度旋转→长按鼠标滚轮可以进行位置移动→下方进度可以快速跳转至关注的房间点位，【1×】按钮可以进行机器行走速度的设置（1×～32×）。如图4-40所示。

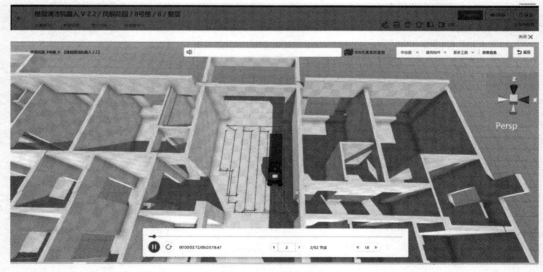

图4-40 预览操作

任务 4.2.3　楼层清洁机器人操作要点

1. 作业施工全流程

楼层清洁机器人用于地下室、房间、客厅、办公区等大面积地面清洁工作的作业，作业全流程如图 4-41 所示。

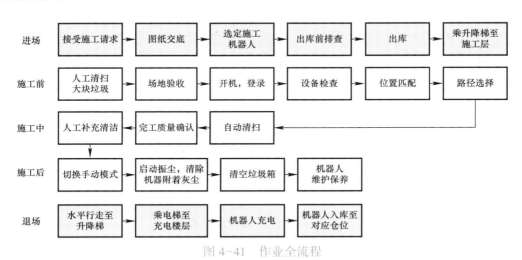

图 4-41　作业全流程

2. 作业施工工序

楼层清洁机器人作业施工工序见表 4-3。

<table>
<tr><td colspan="3">楼层清洁机器人作业施工工序</td><td>表4-3</td></tr>
</table>

序号	作业工序	具体内容
1	排查前置条件	检查作业环境是否符合前述前置条件要求
2	现场勘测	确认预埋件与管路位置与地图是否一致； 消火栓、消防管道的实际位置确认
3	BIM路径规划	根据图纸与实际测量的差异，进行BIM路径的规划； 路径导入平板
4	机器人自动作业	机器人自动作业
5	人工收尾清理	人工清洁机器人自动和手动也无法清理的区域
6	垃圾清理	垃圾清理集中转运、堆放； 垃圾放置暂放点，清理结束后统一送至垃圾站

（1）手动作业施工

1）手动作业流程：机器人操作员手动操作机器人完成清理场地任务。如图 4-42 所示。

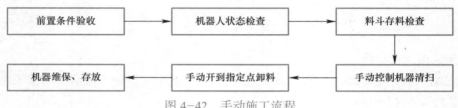

图 4-42 手动施工流程

当施工至料满后，在卸料时，将料斗控制上升至最高点位置，然后可以将垃圾袋从下往上套住料斗再将垃圾倒出来，或者用垃圾袋套住垃圾桶再将垃圾桶放在料斗下方后进行卸料（垃圾袋及垃圾桶规格型号可在销售清单内查看）。

2）机器人手动作业工序：开机→设置登录→查看状态→回起始点→机构复位→手动作业。如图 4-43 所示。

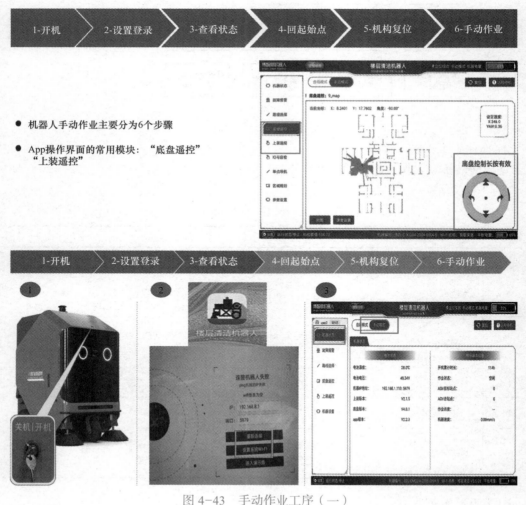

图 4-43 手动作业工序（一）

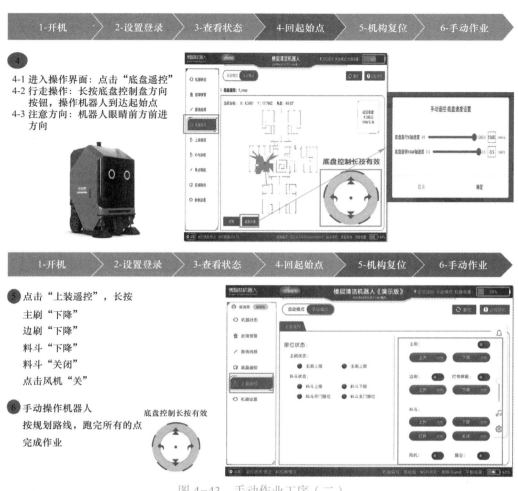

⑤ 点击"上装遥控"，长按
　　主刷"下降"
　　边刷"下降"
　　料斗"下降"
　　料斗"关闭"
　　点击风机"关"

⑥ 手动操作机器人
　　按规划路线，跑完所有的点
　　完成作业

图 4-43　手动作业工序（二）

（2）自动作业施工

1）自动作业流程：楼层清洁机器人根据参数设定，自动按规划路径完成清洁任务。如图 4-44 所示。

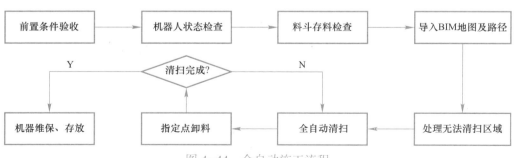

图 4-44　全自动施工流程

对于机器人无法清扫区域（主要为房间 4 个阴角位置）的灰尘、碎石块等，需用人工

141

清扫到机器人可清扫区域，区域大小如图4-45所示。

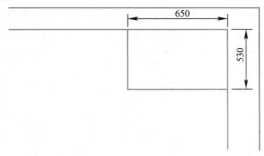

图 4-45　阴角清扫不可清扫区域（单位：mm）

2）机器人自动作业工序：开机→设置登录→查看状态→机构复位→选择地图→对图→选择路线并下发→参数设置→切换模式并作业→结束作业。自动作业工序如图4-46～图4-49所示。

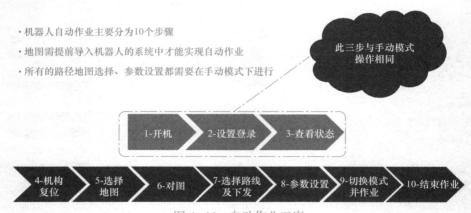

图 4-46　自动作业工序

4、①点击"上装遥控"-②长按主刷"上升"、边刷"上升"、料斗"关闭"、料斗"下降"；
5、①点击"路线选择"-②"地图管理"-③选择对应房间的地图
注意：上装机构复位后，路径才能下发成功

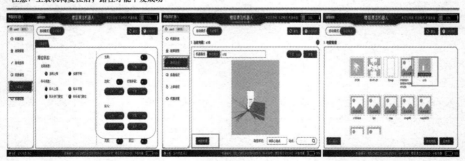

图 4-47　自动作业参数设置（一）

6、①点击"底盘遥控"-②"对图"-③"移动图中标志物"-④"使标志物与机器人位置重合"-⑤"右上角提示对图定位成功"

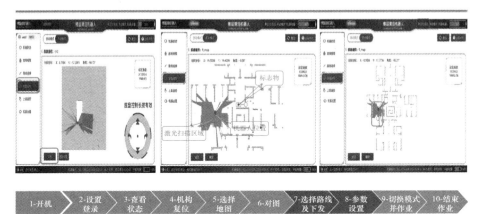

7、①点击"路线选择"-②"本地路线"-③选择对应房间的路径-④长按"下发";
8、①点击"机器设置"-②进行相应的参数设置
注意：上装机构复位后路径才能下发成功

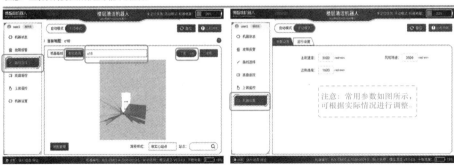

图 4-47 自动作业参数设置（二）

9、①点击"切换模式"-②"启动"-③"输入开始站点编号"-④"确定"-⑤"启动"

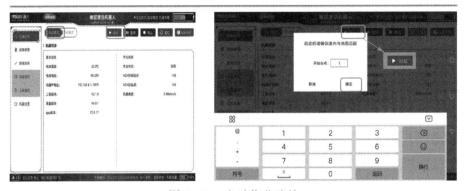

图 4-48 自动作业确认

| 1-开机 | 2-设置登录 | 3-查看状态 | 4-机构复位 | 5-选择地图 | 6-对图 | 7-选择路线及下发 | 8-参数设置 | 9-切换模式并作业 | 10-结束作业 |

10、机器人按照规划的路线跑完所有的点-结束作业

注意：除了自动结束作业外，还可以点击"停止作业"提前结束作业

图 4-49　自动作业终结

3）如果在自动运行过程中，BIM 路径坐标与实际位置存在偏差，则可在 App 上对路径进行修改（详见施工要点）。如图 4-50 所示。

图 4-50　路径修改过程

（3）垃圾清理

1）清除灰尘：作业后，切换到手动模式，点击"上装遥控"→点击"振尘开"，启动振尘，将附着在机体部件的灰尘清除。

2）料斗复位：长按"料斗/上升"按钮操作料斗上升，然后将垃圾袋接在料斗下方，再长按"料斗/打开"倾倒垃圾。倾倒完毕后，先长按"料斗/关闭"，再长按"料斗/下降"将料斗复位。

3）机器归位：垃圾清理完后，手动操作底盘操作盘，将机器人转运至仓库，向左拧机体顶部钥匙即可关机。如图 4-51 所示。

3. 施工收尾工作

（1）设备收尾

1）机器人工作完成后，若电池低电量报警，则需回指定充电地点，关闭机器人电源，

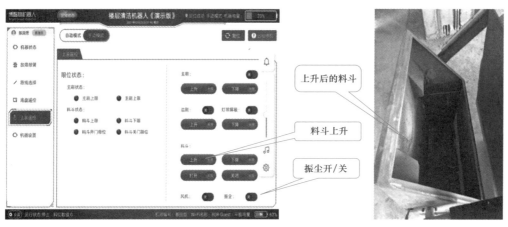

图 4-51　垃圾清理操作

插入充电器充电 2h，充电过程有人监守。2h 后，及时拔掉电源，以免引起火灾。

2）机器人垃圾箱内垃圾要及时倒出。

3）遥控机器人移动到指定存放地点，注意防晒、防雨。

（2）人员收尾

1）操作人员故障上报，录入《楼层清洁机器人施工问题记录表》。

2）操作人员对机器人进行故障检查、维修、保养。

（3）操作提示

1）充电提示

机器人在充电时需关闭电源，并注意充电器插头规格，将插头插至对应的规格的插座；同时需要将电池开关打开（充电完成后务必关闭此开关），同时拔掉放电头，充好电后重新插回。如图 4-52 所示。

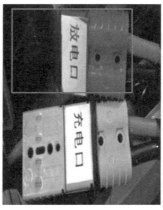

图 4-52　充电误区

2）自动作业提示

对于新项目，按照施工进度计划，机器在进场执行自动作业前，按机器人自动作业参数设置要求，需提前 3 天（标准时间）将作业区域的建筑平面图、结构图等上传路径算法平台，以便后台生成 BIM 模型和自动作业路径。

任务 4.2.4　楼层清洁机器人安全事项

1. 人员安全

（1）操作人员必须经培训考核合格后方能上岗。现场操作人员、维护人员必须经过正规的机器人操作及安全培训，并考核合格后，才能对机器人进行操作、维护和维修。

（2）非维修人员禁止检修，必须持证上岗。禁止非专业人员、培训未合格的人员操作、维护机器人，以免对该人员和机器人设备造成严重损害。

（3）操作前应熟读机器人操作手册，并认真遵守；操作设备前必须按要求穿戴好劳动保护用品：安全帽、反光衣、劳保鞋、防尘口罩等。

（4）新进场的劳动者必须经过上岗前的"三级"安全教育；严禁疲劳作业，严禁操作人员在酒后进入施工现场作业。

2. 机器安全

（1）开机前先预先检视机械各部位的检测器是否正常。

（2）机器人作业前严格落实机器人的吊装安全管控及现场信息管控工作。

（3）设备上不得放置与作业无关物品，禁止作业现场堆放影响机器人安全运行的物品。

（4）严禁将 48V 或者 24V 电源搭接至机器外壳，以免损坏机器电器件；机器人动力电源为 DC48V，使用前须检查电压规格，以免发生危险。

（5）机器人执行检修、更换零件等操作时，机器人必须为断电或急停状态，禁止启动。

（6）在长期不使用设备时，请将电源关闭；电池充电必须关机，插头对好正负极，必须接触良好，整个充电过程必须有人值班。

3. 运行安全

（1）机器人运行过程中，严禁操作者离开现场；机器人运行时，无关人员须远离作业末端 2m 以上。

（2）机器人运转中严禁任何人员进入本机器动作范围内，且请勿任意将手或者身体其他部位接触机器人，以免发生危险。

（3）紧急停止仅用于在危险情况下立刻停止机器人运作。不能将紧急停止作为正常的停机方式，否则将对机器人的抱闸系统和传动系统造成额外的磨损，降低机器人的使用寿命。

（4）机器人由驱动机构、控制部分、车体组成，控制方面由控制器来判读各种传感器所传送的信号。故在运转之中，请勿再任意去碰触传感器以免造成危险。

（5）当垃圾箱料满时，平板电脑会显示报警并附带语音提示，操作人员需留意提示并及时清空垃圾；长时间停止作业时，须及时倾倒料桶。

（6）机械运转中请注意是否有异常声响发生，如果有请加以处理，以避免机械受到损坏；避免机器人爬坡角度超过 10°。

（7）电池电量损耗到 5% 时，需停止作业，及时给电池充电。

（8）图 4-53 为机器或工地中一些常见安全标识（不仅限于此标识），需要按标识指示执行。

图 4-53 常见安全标识

（a）电击危险标志；（b）当心夹手标志；（c）紧急停止标志；（d）持证上岗标志；（e）施工避让标志；
（f）佩戴安全帽标志；（g）穿防护鞋标志；（h）紧急停止按钮

单元 4.3　楼层清洁机器人维修保养

任务 4.3.1　楼层清洁机器人日常维护保养

1. 日常维护保养

（1）维保人员遵循规则

1）机器人必须有专人负责，操作者必须经过专门培训，熟悉本机器人的结构、性能、功能及使用方法，做好维护保养工作。

2）运行机器人前擦拭设备，检查各主动轴是否正常、灵活，检查安全装置是否可靠，检查操控器功能是否正常。

3）遵守安全操作规程，不超负荷使用设备，确保设备的安全防护装置齐全可靠，及时消除不安全因素。

4）操作者在对机器人进行维护的过程中，不得随意拆卸机器人的零部件。

5）在维护过程中，若发现不正常现象或有非正常声音时，必须立即停机检查，排除故障后方可继续工作。

6）操作者务必熟知产品使用说明书及维护说明书各章节中的注意事项，确保人身和机器人的安全。

（2）电推杆的维护保养

1）电推杆的阐述

图 4-54　电推杆位置

电推杆传动以传递平稳、均匀、体积小、结构紧凑、反应灵敏、操作简单、易于实现自动化、自动润滑、标准化程度高、元件寿命长等特点，被广泛应用于现代企业中，这给电推杆的保养及维护提出了更高的要求。因此，必须做好对电推杆的使用与维护，延长其使用寿命。在电推杆的维护基础上，采取有效的措施防止故障的发生。如图 4-54 所示。

2）电推杆常规检查项目

① 观察电推杆上下运动时是否存在卡顿现象。

② 检查电动推杆上升和下降的时候是否都已经到位。

③ 目测上下活塞顶升机构是否有异物依附在表面。

④ 检测电推杆上升、下降动作是否正常输出信号。

⑤ 电推杆需要定期放润滑油进行保养。

（3）动力电池的维护保养

1）每月检查电池系统的浮充总压，并根据室温的变化，对浮电电压进行调整。

2）每三个月检查锂电池是否损害、壳与盖之间有无泄漏，如果有泄漏应找出原因。

表面是否有灰尘杂物，壳盖有裂纹应该及时更换，若有灰尘用干布擦净。检查连接线端口是否有生锈。

3）每季度检查各单元电池的电压。

4）系统每年必须检查 1～2 次。

5）日常使用中，刚充满电的锂电池要搁置 30min，待电性能稳定后再使用，否则会影响电池性能。

6）不要敲击、针刺、踩踏、改装、日晒电池，不要将电池放置在微波、高压等环境下。

7）若电池产品外壳和连接器上存在大量灰尘、金属屑或其他杂物，使用压缩空气进行喷气清理，避免使用水或水浸湿的物体进行清洁。

8）检查动力线、信号线等焊接点是否存在松动、脱落、生锈或者变形等情况，确保电池产品使用的线束端子要牢固可靠。

9）检查电池外壳是否存在裂缝、变形、鼓胀等异常情况。

10）不要将电池与金属物体混放，以免金属物体触碰到电池正负极，造成短路，损害电池甚至造成危险。

（4）驱动单元

1）电机保养（图 4-55）

驱动轮的电机应该每三个月检查一次，如果驱动轮的电机和传动装置在工作中发出异常的噪声，请立刻让机器人停止工作，并请专业人员对其进行维修。

（a）

电机螺栓应该每周检查一次，如果发现电机固定螺栓已松动，请立刻紧固，若发现损坏的请立刻更换。

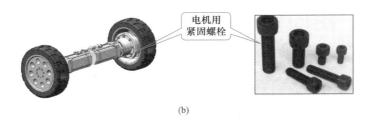

（b）

图 4-55　电机更换

（a）电机保养；（b）电机螺栓保养

2）驱动轮与从动轮保养（图 4-56）

2. 吸尘机构维护保养

吸尘机构主要由风机、振尘电机、滤网、风道等组成。其主要作用是抑制滚刷与边刷产生的灰尘，是保障现场施工环境的重要的组成部分，是清扫机器人的核心功能之一。

（1）定期检查滤芯是否破损，如有破损需进行更换。

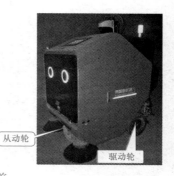

● 驱动轮与从动轮保养：驱动轮应该每周检查一次，检查项目如下：

1. 检查车轮表面是否有细小的裂纹；
2. 听车轮行驶时是否有异常的声响；
3. 检查车轮的磨损情况，如果发现驱动轮与从动轮磨损情况严重，请及时更换。若不及时更换，可能会导致机器人对距离的计算精确度变低，影响机器人的导航系统性能。

从动轮

驱动轮

图 4-56 动轮保养

（2）定期检查振尘拨片是否破损，如有破损需进行更换。

（3）需定期对滤芯进行清洁。

（4）需要定期对风道进行清洁。

（5）手动模式下清扫作业，需要对机器每隔 10min 振尘一次（灰尘较厚振尘间隔需更短）。

（6）定期检查电机接线是否有老化、破损。

3. 激光雷达与超声波停障传感器维护保养

激光雷达主要作用是进行机器人定位，通过激光雷达来确认机器人所处的位置，是机器人实现自动清扫的前提条件。

（1）停障传感器维护

1）每次施工前结束，如设备表面有尘土或污垢，可使用略湿的抹布对表面进行清洁，注意抹布不宜过湿，以免造成设备短路。

2）定期查看连接线路是否有老化与破损。

3）作为精密仪器，使用时尽量避免磕碰。

4）在设备维护过程中注意用电安全，如需进行线路检查，请先断开电源。

5）设备保养中严禁带电拔插连接线。

6）设备维护过程中注意保持外表的清洁整洁。

（2）安全使用注意事项

1）确保所有线路接线正常后再接通电源。

2）使用机器标注的电源电压，避免导致火灾、触电等事故。

3）未经许可不得拆解、改造设备，拆解、改造设备可能导致火灾、触电等事故产生。

4）严禁将超过额定容量的设备连接于该设备的输出接点。

（3）检点与保养（表 4-4）

检点与保养表　　　　　　　　　　　　　　　　表4-4

检点频率	检查与保养
每日检点	检查激光雷达、超声波表面，清除粉尘油污、保持清洁（针对尘雾作业环境，需要每作业2h，进行一次激光雷达、超声波表面清洁）

检点频率	检查与保养
每月检点	检查机器人行走时电机是否有异响，确认电机正常工作，检查CAN线、网线、串口通信、IO线等的接线端子是否松动、积尘或生锈，确认其接触良好，线路正常联通

4. 日常点检

（1）每周点检（表4-5）

每周点检表 表4-5

序号	检查部位	检查项目	检查方法
1	控制面板按钮	紧急停车按钮	工作时，通过按下按钮查看机器人是否停车正常
2	安全系统	障碍物雷达	人机界面中，打开障碍物检查开关，检查机器人工作时，障碍物传感器检测距离内出现障碍物，机器人是否停止，障碍物移开后是否继续行驶
3	车体	车体状态	查看车体外表是否生锈等

（2）每月检查要点

1）除开机点检、每周点检所有项目外，每月还需清洁车体。

2）施工现场人员防护遵照项目相关规定。

任务 4.3.2 楼层清洁机器人定期维护

1. 定期检查

（1）设备日常保养时均要将设备上的灰尘进行清理，特别是对激光导航雷达、电气元件表面灰尘进行清理，严禁用水清理，应用干燥清洁无纺布进行清理。

（2）对垃圾箱与通道之间的残余垃圾进行清理，防止时间久后，存在堵住通道的风险。

（3）对各运动部件的轴承作定期保养，以保证其可靠性。

（4）对滤芯进行定时检查，如发现破损，则更换滤芯。

（5）定期更换主刷、边刷、裙边以保证清扫效果（表4-6）。

定期检查表 表4-6

名称	指标参数
滤芯	1. 定期检修滤芯是否破损。周期：30d/次；检修时间：5min。 2. 更换新滤芯。使用寿命≥120d；更换时间≤10min
边刷、滚刷	1. 开机检查。周期：每天开机；检查时间：1min。 2. 定期检查边刷、滚刷磨损情况。周期：10d/次；检修时间：5min。 3. 更换新边刷、滚刷。使用寿命≥300h；更换时间≤10min
裙边	1. 开机检查。周期：每天开机；检查时间：1min。 2. 定期调整裙边离地高度在2mm左右。周期：15d/次；调整时间：5min。 3. 更换新裙边。使用寿命≥200h；更换时间≤10min

名称	指标参数
驱动皮带	1. 开机检查。周期：每天开机；检查时间：1min。 2. 定期检修皮带张紧及磨损。周期：15d/次；调整时间：5min。 3. 更换新皮带。使用寿命≥350h；更换时间≤10min
垃圾箱密封条	1. 开机检查。周期：每天开机；检查时间：1min。 2. 更换新密封条。使用寿命≥300h；更换时间≤10min
万向轮	1. 开机检查。周期：每天开机；检查时间：1min。 2. 定期检修万向轮磨损。周期：15d/次；调整时间：5min。 3. 更换新万向轮。使用寿命≥300h；更换时间≤10min
驱动轮	1. 开机检查。周期：每天开机；检查时间：1min。 2. 更换驱动轮。使用寿命≥1000h；更换时间≤10min
电池	1. 开机检查。周期：每天开机；检查时间：1min。 2. 更换电池。使用寿命≥2000次循环充电；更换时间≤5min

2. 定期维护
（1）定期维护内容（表4-7）

定期维护表　　　　　　　　　　　　　　　　　　表4-7

检查项	图示	检查方法	检查周期	维护方法
滤芯	滤芯安装板　滤芯　拨片	拆卸滤芯组件滤芯和拨片，检查是否破损	30d/次	若滤芯和拨片破损，进行更换；若滤芯未破损，清洁滤芯；为保证清洁效果，需定期更换滤芯
滚刷	滚刷	检查滚刷磨损情况；检查滚刷清扫效果	10d/次	磨损时更换滚刷；调节主刷高度
边刷	边刷	检查边刷磨损情况；检查边刷清扫效果	10d/次	磨损时更换边刷；调节边刷度和安装角度

续表

检查项	图示	检查方法	检查周期	维护方法
裙边		目视检查前、后、左、右裙边是否破损	15d/次	若裙边破损需要更换
驱动皮带		目视检查皮带是否破损；手动检查皮带松紧度	15d/次	若传送带破损需要更换；若传送带松弛需要重新张紧
垃圾箱密封条		目视检查密封条是否脱落或破损	每次开机	若密封条脱落，重新安装；若密封条破损，需要更换

（2）易损件内容（表4-8）

易损件清单 表4-8

编号	名称	型号	物料编码	每台用量
1	滚刷	主刷535×260/PBT/CR1919M6-B0086	120920090001192	1
2	盘刷	300盘刷	120810010000019	2
3	滚刷皮带	SPA-900/DZ	120920120000217	1
4	副刷皮带	SPA-832/DZ	120920120000218	1
5	前裙边	CR1919M8-10016	120920090001453	1
6	左裙边	CR1919M8-10015	120920090001451	1
7	右裙边	CR1919M8-10011	120920090001452	1
8	后裙边	CR1919M8-17005	120920090001454	1

（3）电池更换

1）电池更换（图4-57）

2）电池的存储

① 估计储存时间：电池安装的时间可能会延期，这段时间可从电池壳体上的生产时间来计算。

② 电池储存条件：电池储存必须远离热源和潮湿，锂电池的自放电受环境温度及湿度的影响，高温及潮湿会加速电池的自放电，建议将电池存放在 0～40℃的干燥环境下。

③ 长期存放：锂电池长期不使用应充入 50%～80% 的电量，并从机器中取出存放在干燥阴凉的环境中，每隔 3 个月充一次电池，以免存放时间过长，电池因自放电导致电量过低，造成不可逆的容量损失。

图 4-57　电池更换维护

3）电池日常充电

① 关闭机器人电源开关，拔掉放电口插头，打开电池电源开关。

② 打开电池充电仓门将电池取出。

③ 将取出的电池插上电池组适配器充电连接插头。

④ 按图 4-58 所示连接方式将电池组连接，使用配套的电源适配器给电池充电。

图 4-58　充电接口与适配器

4）注意事项

① 严格遵守充电前，先接电池、再插交流插座、最后开启交流供电；充满后，也是先断交流电、再拔充电器交流插头、最后断输出电池线。

② 充电时严禁触摸充电器外壳（尤其是手、脚潮湿情况下），如需挪动充电器，建议穿戴绝缘手套。

③ 在打雷且接地不好情况下，外壳可能带电，在阴雨潮湿天气、打雷时尽量避免使用充电器或者戴绝缘手套操作。

④ AGV 小车锂电池在放电后，应将电池静止几分钟再进行充电，否则电池温度会比较高。

⑤ 充电操作时要有专业人员进行看护，充电过程中确保插头和插座接触良好，确保充电设备工作正常。

⑥ 充电和放电前应检查电池电压、温度、压差等状态，确保所有值都处于正常范围内。

⑦ 充电和放电时尽量避免有水或其他导电物喷溅到电池与连接器端口中。

⑧ 根据电池产品实际使用状态，估计电池的充电时间和放电时间，在充电末期和放电末期注意观察电池产品是否存在异常，如电池的压差问题。

（4）滤芯更换

滤芯长期工作在高粉尘的环境中，维护保养时需进行清洁及检查是否破损，如破损需及时更换。如图 4-59 所示。

注意事项：滤芯更换后，应仔细检查连接螺栓是否紧固，防止工作过程中发生松动脱落。

图 4-59 滤芯更换

（5）滚刷更换

滚刷在清扫过程中会不断脱落和磨损，以致清扫效果越来越差，此时用户需对滚刷进行更换。如图 4-60 所示。

注意事项：滚刷更换时，请注意主刷装配正反方向。滚刷更换后，检查连接螺栓是否紧固，防止工作过程中窜动异响。

（6）边刷更换

边刷在清扫过程中也会不断脱落和磨损，以致影响清扫效果，用户需对边刷的脱落和磨损进行更换。如图 4-61 所示。

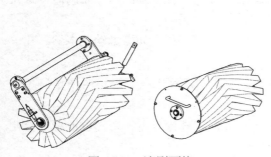

图 4-60　滚刷更换

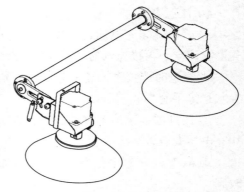

图 4-61　边刷更换

注意事项：边刷更换前应对其进行清理，防止过度污染导致拆卸过程中粘在边刷上的灰尘或石子飞溅；边刷更换后，检查连接螺栓是否紧固，防止工作过程中脱落或甩出。

（7）裙边更换

裙边在工作过程中易产生磨损，目视检查是否破损，若破损需及时更换。如图 4-62 所示。

注意事项：更换后调整各裙边距离地面间隙约 1～2mm。

（8）驱动皮带更换

设备运行一定时间后，皮带会产生伸缩变长，从而出现松动或磨损、破损，此时需对皮带进行张紧及更换。如图 4-63 所示。

注意事项：皮带更换后松紧度适当，不可太紧或太松，一般以大拇指按下带约 15mm 为宜。

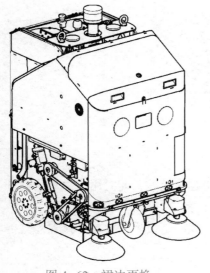

图 4-62　裙边更换

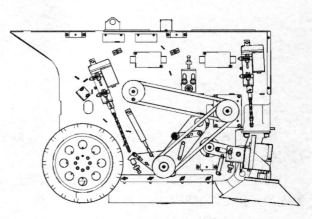

图 4-63　驱动皮带更换

单元 4.4　楼层清洁机器人常见故障及处理

楼层清洁机器人常见故障处理办法见表 4-9。

楼层清洁机器人常见事故处理办法　　　　　　表4-9

序号	故障现象	故障原因	处理办法
1	急停故障	机械故障、电路系统故障	将急停旋钮旋转松开
2	导航故障报警	检查导航自身是否沾满灰尘或导航的线缆等其他硬件问题	将灰尘清理干净；如无灰尘，则需要检查导航的线缆等其他硬件问题
3	电池电量低报警	此时电池电量低于设定的低电量提示值	准备给电池充电
4	电池电量低极限报警	此时电池电量低于设备正常运行电量值，需要马上充电	只能手动进行设备的操作，不能进行自动运行
5	机构撞机报警（报警灯响）	查看机构是否超过运行极限行程，或运行机构行程过程中有障碍物	如果超过极限行程撞机，则应断电后调整极限位或更换极限（极限感应器损坏），再重新上电；如果是运行过程中有障碍物，则应断电后清理障碍物，再重新上电
6	有机构执行动作完成，但下一个机构并没有动作	检查已执行完成机构的驱动器上定位完成信号线连接是否正常	连接不正常，重新连接电缆
7	机器人不能行走或不能转向	驱动器与导航系统是否通信正常	查看通信线路连接；通信拨码开关
8	舵轮伺服驱动报警	机械故障、电路故障	将舵轮的伺服驱动器重启
9	主刷上限位报警	主刷已升到上限位，此时不能继续上升	只能操作主刷下降
10	主刷下限位报警	主刷已升到下限位，此时不能继续下降	只能操作主刷上升

xxx机器人日点检表　　　　　　表4-10

日期：　　　　　设备编号：　　　　　点检人：

检查项目	检查点	标准	频率	合格√ 不合格×	维修人	备注

日期：　　　　　　　　　　设备编号：　　　　　　　　　　　点检人：

检查 项目	检查点	标准	频率	合格√ 不合格×	维修人	备注

xxx机器人保养表

表4-11

日期：　　　　　　　　　　设备编号：　　　　　　　　　　　保养人：

机器所在地：　　　　　　　　　　　　　　　管理编号：

名称	检查点	保养周期	是	否		备注
			○	○		
			○	○		
			○	○		
			○	○		
			○	○		
			○	○		
			○	○		
			○	○		
			○	○		
			○	○		
			○	○		
			○	○		
			○	○		

×××机器人检查记录表   表4-12

起重机概况： _____	钢丝绳用途： _____

钢丝绳详细资料： _____

商标名称（若已知）： _____

公称直径： _____mm

结构： _____

绳芯[a]：IWRC独立钢丝绳/FC纤维（天然或合成织物）/ WSC钢丝股

钢丝表面[a]：无镀层/镀锌

捻向和捻制类型[a]：右向：sZ交互捻 zZ同向捻 Z右捻；左向：zS交互捻 sS同向捻 S左捻

允许可见外部断丝数量： _____（在6mm长度范围内） _____（在30d长度范围内）

参考直径： _____mm

允许的绳径减小量（从参考直径算起）： _____mm

安装日期（年/月/日）： _____   报废日期（年/月/日）： _____

可见外部断丝数				直径			腐蚀	损伤和畸形		在钢丝绳上的位置	总体评价（发生位置的综合严重程度[b]）
长度范围		严重程度[b]		实测直径（mm）	相对参考直径的实际减小量（mm）	严重程度[b]	严重程度[b]	严重程度[b]	类型		
6d	30d	6d	30d								

其他观察结果/说明：

使用时间（周期/小时/天/月/及其他）： _____

检查日期： _____ 年 _____ 月 _____ 日

主管人员姓名（印刷体）： _____

主管人员签字： _____

a：打钩标记选中项目。

b：严重程度分为：轻度、中度、重度、严重、报废。

小结

通过本项目的学习，学生能够对楼层清洁机器人的功能、结构、特点有初步的认识。

能够在使用楼层清洁机器人施工作业之前，进行设备的安全检查及隐患排查，能够做好施工前的各项准备工作。

能够正确运用楼层清洁机器人操作 App 软件进行楼地面清洁施工操作，在使用楼层清洁机器人施工过程中，能够按照施工要点和质检要求完成施工作业。在此基础上，根据施工现场机器人不同的操作模式进行人机协同施工作业管理。

同时，能够进行楼层清洁机器人的故障识别与原因分析，进而完成故障的修理与处理。

巩固练习

一、单项选择题

1. 楼层清洁机器人仅限于（　　　）的清洁场景，不适于家庭、机场、商场、广场、写字楼等非施工场地清洁场景。

    A. 施工楼层　　　　　　B. 超市　　　　　　　　C. 高铁火车站　　　　D. 公园

2. 机器人自动作业主要分为 10 个步骤，地图需提前导入机器人的系统中才能实现自动作业。所有的路径地图选择、参数设置都需要在（　　　）进行。

    A. 自动模式下　　　　B. 手动模式下　　　　C. 虚拟模式下　　　　D. 被动模式下

3. 楼层清洁机器人驱动轮的电机应该（　　　）检查一次，如果驱动轮的电机和传动装置在工作中发出异常的噪声，请立刻让机器人停止工作，并请专业人士对其进行维修。

    A. 每四个月　　　　　　B. 每三个月　　　　　　C. 每两个月　　　　　　D. 每一个月

4. 楼层清洁机器人手动作业工序为（　　　）。

    A. 开机→设置登录→回起始点→查看状态→机构复位→手动作业

    B. 开机→设置登录→查看状态→机构复位→回起始点→手动作业

    C. 开机→设置登录→查看状态→回起始点→机构复位→手动作业

    D. 开机→设置登录→机构复位→查看状态→回起始点→手动作业

5. 机器人自动作业工序为（　　　）。

    A. 开机→设置登录→查看状态→机构复位→选择地图→对图→选择路线并下发→
       切换模式并作业→参数设置→结束作业

    B. 开机→设置登录→查看状态→机构复位→选择地图→对图→切换模式并作业→
       参数设置→选择路线并下发→结束作业

    C. 开机→设置登录→查看状态→机构复位→对图→选择地图→选择路线并下发→
       参数设置→切换模式并作业→结束作业

    D. 开机→设置登录→查看状态→机构复位→选择地图→对图→选择路线并下发→
       参数设置→切换模式并作业→结束作业

6. 楼层清洁机器人主要应用于建筑施工过程中楼层内地面清扫作业，可有效保障建筑施工环境干净、整洁，且为部分施工工艺如（　　　）提供高标准的地面整洁度前置条件，提升施工质量。

　　A. 地砖铺贴　　　　　B. 墙砖铺贴　　　　　C. 空心砖铺贴　　　　　D. 墙纸铺贴

7. 楼层清洁机器人驱动皮带更换，皮带更换后松紧度适当，不可太紧或太松，一般以大拇指按下带约（　　　）mm 左右为宜。

　　A. 5　　　　　　　　B. 10　　　　　　　　C. 15　　　　　　　　D. 20

8. 楼层清洁机器人裙边更换，裙边在工作过程中易产生磨损，目视检查是否破损，若破损需及时更换。更换后调整各裙边距离地面间隙约（　　　）mm。

　　A. 1～2　　　　　　B. 2～3　　　　　　C. 3～4　　　　　　D. 4～5

9. 机械运转中请注意是否有异常之声响发生，如果有请加以处理，以避免机械受到损坏；避免机器人爬坡角度超过（　　　）。

　　A. 5°　　　　　　　B. 10°　　　　　　　C. 15°　　　　　　　D. 20°

10. 机器人由驱动机构、控制部分、车体组成，控制方面由各种传感器所传送之信号再经控制器来判读。故在运转之中，请勿再任意去碰触（　　　）以免造成危险。

　　A. 传感器　　　　　B. 控制器　　　　　C. 驱动器　　　　　D. 离合器

二、多项选择题

1. 楼层清洁机器人是由（　　　）等部分组成的，集清扫、垃圾回收、垃圾箱翻倒等功能于一体的，用于建筑行业室内楼层清洁的专用机器人。

　　A. 行走机构　　　　B. 扫描机构　　　　C. 电控系统

　　D. 障碍感知　　　　E. 升降系统

2. 楼层清洁机器人主要功能有（　　　）。

　　A. 自动清扫吸尘　　B. 高精度定位　　C. 自动导航

　　D. 自动停障　　　　E. 自动爬坡

3. 楼层清洁机器人主要用于建筑结构装修阶段，一般在（　　　）。对地面粒径不大于30mm 建筑垃圾进行自动清扫作业。

　　A. 铝模拆除后　　　B. 毛坯墙交付前　　C. 地下车库交付前

　　D. 木地板及地砖铺贴后　　　　E. 木模板拆除前

4. 从以下（　　　）角度去衡量楼层清扫后的质量标准。

　　A. 现场卫生　　　　B. 空鼓开裂　　　　C. 起砂现象

　　D. 垂直度　　　　　E. PM2.5

5. 楼层清洁机器人清扫楼层要注意的安全事项有（　　　）。

　　A. 人的安全　　　　B. 机器的安全　　　　C. 运行的安全

　　D. 建筑物的安全　　E. 基坑防护安全

6. 楼层清洁机器人机械结构由（　　　）等机构组成。

　　A. 垃圾箱　　　　　B. 底盘模组　　　　　C. 电控柜

D. 吸尘及抑尘机构　　E. 清扫刷

7. 操作前应熟读机器人操作手册，并认真遵守；必须按手册要求穿戴好劳动保护用品，包括（　　　）。

　　A. 安全帽　　　　　　B. 安全带　　　　　　C. 反光衣

　　D. 3M 防尘口罩　　　E. 安全网

8. 楼层清洁机器人操作员手动操作机器人完成清理场地任务，手动作业流程为（　　　）。

　　A. 前置条件验收　　　　　　　　　B. 机器人状态检查及料斗存料检查

　　C. 手动控制器清扫及卸料　　　　　D. 机器维保及存放

　　E. 平整度验收

9. 楼层清洁机器人定期检查，经常检查的项目有（　　　）。

　　A. 滤桶　　　　　　　B. 滚刷　　　　　　　C. 裙边

　　D. 定向轮　　　　　　E. 电箱

10. 楼层清洁机器人常见的易损件清单有（　　　）。

　　A. 滚刷　　　　　　　B. 盘刷　　　　　　　C. 前裙边

　　D. 左裙边　　　　　　E. 遥控器

三、问答题

1. 在建筑业中使用机器人可带来很多好处，归纳起来主要有哪几点？

2. 楼层清洁机器人主要有哪几种技术特色？

3. 楼层清洁机器人运行原理是什么？

4. 楼层机器人作业施工工序是什么？

5. 楼层机器人自动模式作业是什么？

参考答案

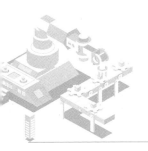

项目 **5**　智能随动式布料机 >>>

【知识要点】

　　了解智能随动式布料机的性能、安全事项；理解智能随动式布料机的结构组成；掌握智能随动式布料机的操作要点、质量标准，熟悉智能随动式布料机常见的故障及排除故障的方法。

【能力要求】

　　能够熟练操作智能随动式布料机，具备维护保养设备的能力，具有常见故障分析及排除的能力，严谨的职业操守和安全防范意识。

5-1
智能随动式
布料机

单元 5.1　智能随动式布料机性能

任务 5.1.1　智能随动式布料机基本原理

1. 智能随动式布料机概述

混凝土布料机是为了扩大混凝土浇筑范围，提高泵送施工机械化水平而新生的产品，是混凝土输送泵的配套设备，有效地解决了混凝土构件分散多点布料的难题。对提高施工效率、减轻劳动强度，发挥了重要作用。目前根据混凝土不同的浇筑环境和个性化要求，市场先后推出了内爬式、行走式、折叠式、船载式、手动式、遥控式等多种机型。

本项目介绍的"智能随动式布料机"适用于高层住宅建筑或商业办公楼 n 层墙、柱、梁、楼板的混凝土浇筑，主要由悬臂架、控制电箱、混凝土输送管路、电机及回转支承等部件组成，通过塔式起重机、智能施工平台可实现布料机随着楼层施工面的上升而上升。智能随动式布料机独特的创新设计，实现了大小臂联动，从而使布料机快速、准确地到达指定作业地点布料，解决了传统布料机移动缓慢、位置控制不准的痛点。智能随动式布料机还创新地使用了末端软管控制器，操作软管末端控制手柄，使得布料机操作更加简单、方便，省力、省工，是一款性价比极高、经济适用的产品。

经济全球化的 21 世纪，随着我国建筑行业的发展及智能化的迅速普及，传统密集型劳动作业方式已经不适应发展的需求，建筑机械设备一体化、智能化、自动化必将成为智能建造时代主流。

2. 智能随动式布料机功能

智能随动式布料机（图 5-1）广泛应用于高层住宅、商业、工业与桥梁的柱、墙、梁板等混凝土浇筑布料施工作业。其中，智能随动式布料机设有大小臂联动末端软管控制

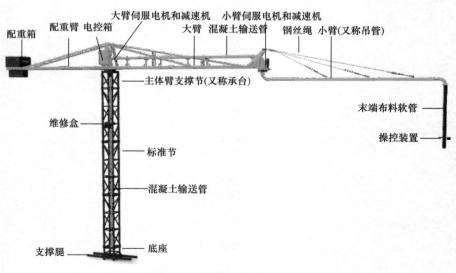

图 5-1　智能随动式布料机

器，控制器位于软管末端，通过操作手柄轻松地沿任意方向移动布料。本机型具备传统人工、手动遥控和智能随动布料三种模式，具备紧急停止、声光报警、防误触功能。

智能随动式布料机还有配合智能施工平台的装置（采用提升和爬架施工更优），可辅助施工面实现智能施工一体化。与传统的其他的布料机相比，自动化程度更强，施工人员的劳动强度更低。

任务 5.1.2　智能随动式布料机结构

1. 布料机组成

智能随动式布料机组成由基座系统、钢结构塔身系统、配重系统、悬挑大臂支撑系统、大小臂动力系统、智能控制系统、电力系统等组成。如图 5-1 所示。

2. 技术参数

智能随动式布料机技术参数，见表 5-1。

智能随动式布料机技术参数　　　　　　　　　　　表5-1

序号	性能参数	参数指标
1	外形尺寸（折叠状态）	16500mm × 1500mm × 12500mm
2	整机重量（不含配重）	3500kg
3	布料半径	20m
4	工作电压	三相四线AC380V
5	额定功率	3kW
6	工作温度	0～40℃
7	防护等级	IP54
8	工作最大耐受风力	13.8m/s（6级风）
9	操作方式	随动控制、手动控制、人工模式
10	安装/爬升最大风速	5.5～7.9 m/s（4级）
11	大臂回转角度	±360°
12	小臂回转角度	±175°

任务 5.1.3　智能随动式布料机特点

1. 传统布料机

混凝土布料机是泵送混凝土的末端设备，其作用是将泵压过来的混凝土通过管道送到要浇筑构件的模板内。混凝土输送布料机分为折叠手动式混凝土布料机、固定式混凝土布料机等，具有操作简洁、旋转灵敏、节能、经济、实用等特色，可应用于楼房建筑、高铁建筑等工程。其缺点是需多人辅助移动布料软管出口（如遥控机型，要增加一名遥控机手），大小臂不能联动。如图 5-2 所示。

图5-2　传统布料机

2. 智能随动式布料机

智能随动式布料机具备传统手动和智能随动布料两种模式，在智能随动布料模式下布料机能根据布料软管末端操控装置的运动方向指令，不仅可以自动实现大小臂联合运动，并且具备紧急停止、一键复位、声光报警、防误触、防大小臂溜跑等功能。传统与智能随动式布料机作业参数对照详见表5-2。

传统与智能随动式布料机作业参数对照表　　　　　　　　　　表5-2

序号	项目	传统布料机	智能布料机
1	布料	人工辅助	电力驱动
2	大臂回转角度	不限	±720°
3	作业效率（m²/h）	40~50	40~50
4	作业人员配置（台/人）	3	1
5	防误触功能	无	有

单元 5.2　智能随动式布料机作业

任务 5.2.1　智能随动式布料机作业准备

1. 布料机作业条件

（1）每层须预留大于 1.1m×1.1m～1.3m×1.3m 的洞口供布料机安装，底座支撑受力不小于 25kN。

（2）如需整体提升，安装处须有大于 3.5t 起重能力的起重设备（需预留起重余量）以满足整体提升吊装。

（3）如现场的起重设备无法满足整体提升吊装，可将预装主体臂架与标准节拆分成两部分进行提升吊装，拆分后的最大重量为 2.5t，安装场地不小于 17m×6m，运行楼面障碍物高度不大于 2.5m。

（4）施工现场有 380V/50Hz、3kW 以上的电源。

（5）作业时风力小于 6 级，吊装时风力小于 4 级。

（6）在混凝土浇筑前由混凝土工长提前一天与商品混凝土站联系，确定好浇筑的混凝土方量、时间、地点以及混凝土强度等级，是否需要添加外加剂等。浇筑前准备好养护用的绒毯、薄膜、水管等材料。

（7）布料机输送的原料选用中粗砂，不得含有杂物，要求定产地、定砂子细度模数、定颜色。清水混凝土的生产过程中，要严格按试验确定的配合比投料，并控制水灰比和搅拌时间，随气候变化随时抽验砂子、碎石的含水率，及时调整用水量。

（8）混凝土浇筑完毕后，必须用砂浆及净水将泵管清洗干净，每次采用混凝土输送泵输送净水清洗时，必须采用相同直径的清洗球，不得采用其他物体代替。

（9）在接混凝土输送泵管时，必须全数检查泵管内是否清洗干净，接口处必须采用橡胶垫圈。混凝土输送泵管接好后应当再检查螺栓紧固情况。用缆风绳将布料杆进行四脚固定，缆风绳不要太紧，应留出布料杆受力变形的间隔。布料杆安放在架体上时需用架管将支腿压实。

（10）现场要有充足的作业时间，工作面应平整、坚实、不得松软塌陷。

（11）检查各润滑点是否注入钠或钙基润滑脂。

（12）施工前根据施工现场情况做好技术和安全交底。

（13）搭设布料机安放平台的支架必须严格符合规范要求并准备到位，操作人员必须经过严格的技术培训。

（14）根据混凝土的方量和浇筑时间，合理组织施工人员，施工过程中严禁疲劳作业，实行多班制，现场工长要随时注意浇筑人员的身体精神状况，及时更换工作时间过长的施工人员，以免疲劳作业产生安全及质量上的隐患。

2. 布料机装配作业

布料机装配流程（图5-3）。

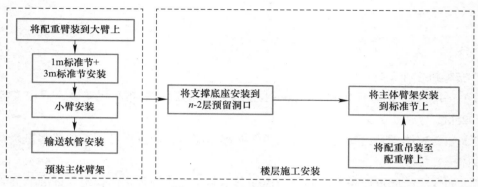

图5-3 布料机装配流程

（1）支撑底座安装，如图5-4所示。

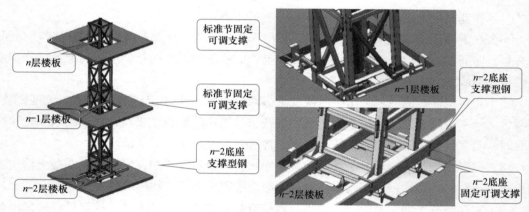

图5-4 支撑底座安装

（2）布料机塔身架体在施工层（n层）下一层（$n-1$层）预留孔，需安装可调支撑卡具固定，施工层下二层（$n-2$层）需安装型钢底座支撑，并用可调支撑卡具固定。型钢底座支撑、卡具螺杆需与架体保持垂直。如图5-4所示。

（3）标准节固定支架仅用于$n-1$层。

（4）主体臂架安装：将预装好的主体臂架吊装到3m标准节上，并用高强螺栓和主体臂架上的1m标准节连接，高强螺栓锁紧力矩为449～524N·m。

（5）在吊装主体臂架时，使用可承受大于5t重量的绳索，并按臂架上标定的吊点，将绳索固定牢靠，实际起吊点应与设计起吊点相吻合。如图5-5所示。

（6）将配重箱通过塔式起重机或其他吊装设备，吊运至配重臂上对应的配重箱放置孔内配重箱中河沙装至距离箱沿5～10cm处，配重箱与沙子的总重量为1t。

（7）电源进线接至市电380V电源处，电源进线的相序L1、L2、L3、N须与380V电

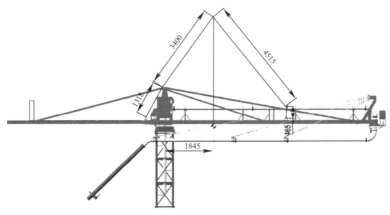

图 5-5 吊点位置示意

源处的 L1、L2、L3、N 相对应。

（8）在混凝土浇筑前混凝土布料机安装完毕，并检查设备的稳定性，由于混凝土布料机布料半径较大，需要认真检查布料机周围的建筑物，防止布料机在回转时发生碰撞。智能随动式布料机设备安装一览表，详见表 5-3。

智能随动式布料机设备安装一览表　　　　　　　　表5-3

序号	设备名称	型号	数量	用途
1	智能随动式布料机	布料机	1台	布料
2	基座及塔架支撑	M18×180为12.9级高强度螺栓	1套	固定与支撑
3	塔式起重机或汽车式起重机	起重量大于3.5t	1台	安装与装卸
4	电箱	380V/50Hz-3kW	1个	布料机配电箱

（9）振捣器具准备到位，接好电源预先试用，标准层混凝土浇筑必须试用 2 个以上的振捣器，并预留一个备用，以防止其他突发损坏的情况。

（10）收面压光的工具：铁抹子、铝合金刮尺、长尼龙线、卷尺等。

3. 布料机电气安装与调试

（1）维修盒接线

1）将大臂电机处的维修盒通信线缆沿标准节布置到维修盒处。如图 5-6 所示。

2）维修盒通信电缆插入维修盒底部对于接口，并将维修盒固定在标准节上。如图 5-7 所示。

（2）电源接线

将布料机的电源进线接至市电 380V 电源处，安装前需制定安装方案，对安装班组进行作业安全、技术交底。确保接线的相序要与供电的相序相同，否则会导致布料机电机损坏。如图 5-8 所示。

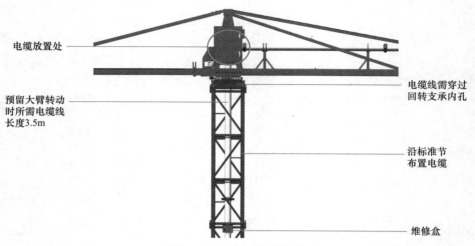

电缆放置处

预留大臂转动
时所需电缆线
长度3.5m

电缆线需穿过
回转支承内孔

沿标准节
布置电缆

维修盒

图 5-6　维修盒线缆布置

图 5-7　维修盒通信电缆连接

图 5-8　电源接线示意

（3）其他准备

1）隐蔽验收：浇灌施工部位的钢筋通过验收合格并做好隐蔽工程记录。模板支撑系统通过验收合格，方可浇筑。

2）三护人员：保证模板定位牢固，柱墙轴线不偏位；柱墙纵向筋不偏位、混凝土完成面不露筋；预埋线管畅通无堵塞，确保混凝土正常浇筑。

3）施工缝处理：混凝土浇筑前，仔细处理好施工缝接口，凿除施工缝处松动的石子及浮浆，清除垃圾，充分湿润。

4）混凝土浇筑前做好现场交底工作，分清不同部位浇筑强度等级，不得使用错误。

任务 5.2.2　智能随动式布料机操作要点

1. 手动操作

智能随动式布料机手动操作流程，如图 5-9 所示。

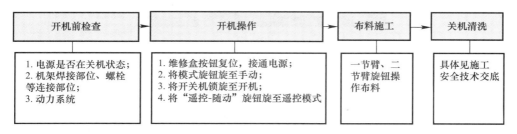

图 5-9　手动操作流程

2. 随动操作

智能随动式布料机随动操作流程，如图 5-10 所示。

3. 人工操作

智能随动式布料机人工操作流程，如图 5-11 所示。

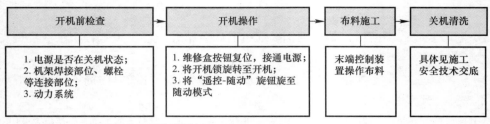

随动模式-末端手柄控制

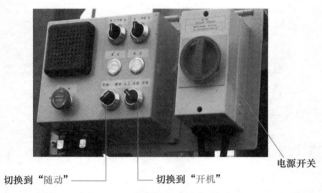

切换到"随动"　　　　　切换到"开机"　　　　电源开关

图 5-10　布料机随动操作流程

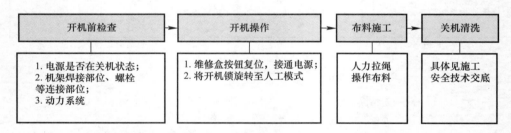

传统人工模式-人力拉绳

切换到"人工"，其余按钮不用管

图 5-11　布料机随动操作流程

4. 操作要点

（1）开机前检查

1）检查电源总开关是否在关闭状态，维修盒旋钮是否在 OFF 挡位（横向是 OFF，竖向是 ON），如图 5-12 所示。

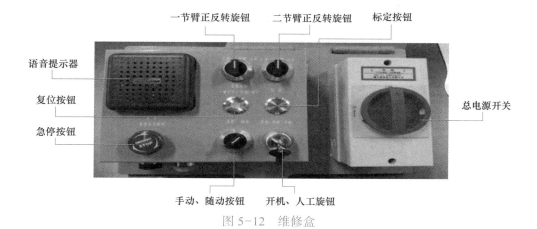

图 5-12　维修盒

2）检查布料机维修盒和末端操作装置急停按钮处于松开急停状态。

3）检查运行楼面障碍物高度是否不大于 2.5m。

4）作业时风力是否小于 6 级。

5）手动状态检查大小臂电机运行是否正常。

（2）维修盒与末端操控装置使用

1）维修盒功能

维修盒主要由语音提示器、复位按钮、急停按钮、一节臂正反转旋钮、二节臂正反转旋钮、模式选择按钮、开机及人工模式切换旋钮、电源开关盒及外壳等组成。如图 5-12 所示。

① 语音提示器：当布料机有报警事件的时候，语音提示器会以语音的形式将报警事件播报出来，并提示工人进行相应的操作以复位报警。

② 复位按钮：当布料机出现异常报警时，即可通过按复位按钮将布料机复位至正常状态（按下急停按钮后需要松开急停按钮才可以将布料机复位）。

③ 一节臂、二节臂正反转旋钮：主要用于布料机手动模式下，对布料机一节臂、二节臂的单独控制操作（布料机处于手动模式下，正反转旋钮才能使用，顺时针方向为反转方向，逆时针为正转方向）。

④ 手动、随动旋钮：主要用于对布料机进行操作模式切换。当旋钮处于手动模式状态时，只能通过一节臂、二节臂正反转旋钮控制布料机；当旋钮处于随动模式状态时，只能通过布料机末端摇杆手柄控制布料机。

⑤ 标定按钮：当布料机需要进行标定时按此按钮。

⑥ 开机、人工切换旋钮：旋钮处于开机状态时，可以使用布料机的手动和随动模式选择，旋钮处于人工状态时，可以使用传统人工施工模式即用绳子绑住布料机大臂和小臂人工拖动布料机进行施工作业。

⑦ 电源开关盒：布料机的电源开关，开关旋至 OFF 挡位置时布料机电源断开，旋至

ON 挡位置时布料机电源接通。

2）维修盒操作

① 零点标定。将布料机的模式旋钮切换至手动模式，旋转维修盒上的"一节臂正反转"和"二节臂正反转"旋钮，将布料机大小臂展开至同一直线状态。布料机在手动模式下且处于伸直状态时，长按标定按钮 10s，直至复位键上的三色灯由灭到亮绿灯状态，则布料机标定成功，如图 5-13 所示。在布料机首次拼装后，或者伺服电机编码器线拔掉重插后，都需要对布料机进行标定操作。

图 5-13　零点标定

② 一键归位位置示教。将布料机小臂回收至限位并操作大臂至合适的位置（大臂不阻挡爬架提升、扎钢筋的位置且回转支撑下面的线缆不处于缠绕状态），切换模式旋钮至随动模式，同时旋动一节臂正反转旋钮和二节臂正反转旋钮至正转状态，并保持 10s，直至三色按钮灯由灭到亮状态，则位置示教完成。

③ 一键归位。工人施工完成后，控制小臂移动至钢筋较少的地方（避免小臂在归位至限位过程中挂到钢筋），并长按复位按钮，5s 后小臂自动开始运行至限位，小臂到达限位后大臂开始自动运行至步骤②所示的归位位置。

3）末端操控装置

① 末端操控装置由状态指示灯、使能按钮、急停按钮和操作手柄等组成，如图 5-14 所示。

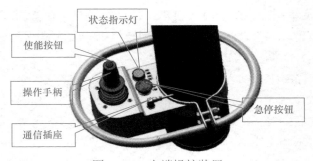

图 5-14　末端操控装置

② 先扳动操控手柄指向某一方向，再按下末端操作装置使能按钮，即可实现布料机往这一方向的移动。末端操纵装置上还安装有状态指示灯，其中红色为机器正处在故障状态，绿色为机器正常状态，黄色为机器正在工作状态。

4）注意事项

① 布料机移动时，布料半径范围内不得出现超过 2.5m 高的障碍物。

② 布料机使用完成后，务必将其停靠在不影响其他设备运转的地方（比如爬架爬升），以免被其他设备撞坏。

③ 在使用智能随动布料机进行混凝土布料施工前，应先泵送至少 10min 清水，然后泵送至少 1m³ 的润管砂浆。

④ 在使用智能随动布料机进行混凝土布料施工后，应不断泵送清水，将泵管中的混凝土充分冲洗干净。

⑤ 遇到紧急情况时，可按下手柄旁边的红色急停按钮或者维修盒上红色急停按钮，使布料机停止运动。

（3）布料机提升

1）整体提升

安装处有大于 3.5t 起重能力的起重设备时，可进行布料机整体提升。整体提升流程如下：

① 小臂固定。小臂运转至电箱侧归位静止状态，用绳索将小臂和标准节固定，拆除混凝土输送管与布料机配管脱离，并将配重箱卸下至安全位放置，待提升完毕后归位。如图 5-15 所示。

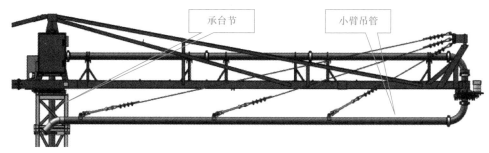

图 5-15 小臂零位示意

② 支撑拆除。固定吊装绳索吊点位置，操控起重设备，使吊索处于张紧状态，拆除支撑底座、标准节固定支架和支撑。

③ 整体提升。提升布料机一层至新的 $n-2$ 层，同时将支撑矩形管也转移至新的 $n-2$ 层，固定支撑底座、标准节固定支架和支撑，配重回位，导管连接。

④ 注意事项。整体提升过程中务必平稳，不得碰撞铝模和楼板，保护好电箱、维修盒和末端操控装置，确保其在吊装过程中不被撞坏。

2）分解提升

当布料机安装处起重设备不满足整体提升的要求时，应采用分解提升。提升流程如下：

①小臂固定。小臂运转至电箱归位静止状态，用绳索将小臂和标准节固定，拆除混凝土输送管与布料机配管脱离，并将配重箱卸下至安全位放置，待提升完毕后归位。如图5-15所示。

②架臂分离。固定吊装绳索大臂吊点位置，操控起重设备，使吊索处于张紧状态，拆卸该处的泵管管卡，使预装主体与支撑底座分离，吊转至安全位放置（电箱和小臂朝上）。

③支撑拆除。固定吊装绳索标准架吊点位置，操控起重设备，使吊索处于张紧状态，拆除支撑底座、标准节固定支架和支撑。

④架体提升。将标准节往上提升一层至新的 $n-2$ 层，同时将支撑矩形管也转移至新的 $n-2$ 层，固定支撑底座、标准节固定支架和支撑。

⑤架臂安装：吊装大臂主体与支撑底座连接，安装泵管管卡连接。安装配重箱，进行零点标定。

⑥注意事项：同整体提升。

任务 5.2.3 智能随动式布料机质量标准

1. 一般要求

（1）智能随动工作时，在5m移动范围内直线度误差应不超过10%。

（2）混凝土出料软管末端出口处的最大水平移动线速度应不大于0.4m/s。

（3）在1.2倍自重、1.3倍工作荷载及在布料软管末端处施加300N侧向力的组合荷载下，结构构件材料应力应不超过其许用应力，强度安全系数为1.34，材料许用应力为 $\sigma_s/1.34$（ σ_s 为钢材的屈服点）。

（4）布料机在任意工作位置，在空载和满载情况下，出料软管末端出口高度差不应超过1100mm。

（5）布料机臂架作业高度处风速应不大于13.8m/s（风力不大于6级）。

（6）楼面障碍物高度不大于2.5m。

（7）环境温度为0～40℃，但24h内平均温度应不大于35℃；非工作期间环境温度应为 −10～60℃。

（8）产品拆卸、安装、提升时，风速应不大于7.9m/s（风力不大于4级）。

（9）工作电源电压的波动应不超过其公称值的 ±10%，频率波动应不超过其公称值的 ±2%。

（10）产品输送的混凝土应符合《混凝土泵》GB/T 13333—2018 的规定，混凝土密度应不大于2450kg/m³。

（11）各机构应运动正常，动作平稳，无爬行、振颤、冲击、异常响声等。

（12）运行时输送管路应连接良好，不应出现卡滞、移位等异常现象。

（13）可能会出现积水的空腔应设置泄水孔。

（14）产品结构构件材料为屈强比小于0.7的钢材。

（15）首次故障前工作时间应不少于60h，平均无故障工作时间应不少于80h。

（16）坍落度：做好坍落度测试，不符合要求的混凝土一律退回，浇筑过程中严禁向商品混凝土加水。

（17）砂浆清除：润滑泵管的砂浆必须全部清除，禁止浇筑于任何结构中。

（18）分强度及抗渗品种进行浇筑：先外墙、后内墙、再顶板，柱墙混凝土浇至梁底标高，再浇筑梁板混凝土。

（19）混凝土强度控制

1）强度相差一个等级时，柱墙混凝土浇至板底标高，再浇筑净跨梁板混凝土。

2）强度相差两个等级时，柱墙混凝土浇至露面标高，高强度混凝土超出柱边成1∶2放坡，再浇筑净跨梁板混凝土。

3）禁止将低强度混凝土浇灌于高强度的构件部位内，禁止不同强度的混凝土混浇。

4）禁止将润滑管道的砂浆浇筑于结构中，润滑管道的砂浆必须清除干净后方可浇筑混凝土。

（20）主体混凝土均使用采用商品混凝土，模板下脚提前一天用砂浆进行封堵，各项验收通过后开始安装布料机。

（21）模板进行淋水湿润，开始浇筑混凝土。

（22）浇筑前先使用砂浆湿润布料机输送皮带，并将湿润皮带的砂浆排除干净后，开始浇筑混凝土。

2. 布料机外观

（1）产品外观零部件应无锐边、尖角、毛刺等对人身可能造成伤害的缺陷。

（2）产品表面处理颜色均匀一致、干净平滑、无油污，不应有皱皮、脱皮、露底、气泡、流痕、锈蚀等缺陷。

（3）主控项目

1）基础面、楼面。标高正确、表面平整、密实无裂痕，钢筋无污染。室内无防水要求的完成面：搓毛面表面无裂痕，扫毛纹路顺纹一致，沿边棱角清晰。有防水要求的地下室垫层面、地下室顶板面、厨房卫生间楼面、屋面完成面压光密实：表面无起砂脱皮无砂眼无裂纹，沿边棱角清晰顺直。

2）止水墙上口、梁面、楼梯踏步面。表面平整、阴角、阳角棱角清晰顺直。

3）柱墙面、梁底板。内实外光，无夹渣、夹砂、烂根、蜂窝、麻面、孔洞、脱节等质量缺陷。

3. 主要功能参数标准

产品主要功能参数应符合表5-4的规定。

主要功能参数　　　　　　　　　　　　　　　　表5-4

序号	参　　数	要　　求
1	最大布料半径	不应有负偏差
2	最小布料半径	不应有正偏差
3	支腿纵向跨度（内爬式）	±1%

序号	参 数	要 求
4	支腿横向跨度（内爬式）	±1%
5	支腿跨度（支腿式）	±1%
6	一节臂回转角度	正向反向均不小于180°

任务 5.2.4　智能随动式布料机安全事项

智能随动式布料机应用班组进场前进行三级安全教育及交底，进入工地前必须佩戴好安全帽、穿好劳保鞋和反光衣。设备检修、更换零件等操作时，智能随动式布料机必须为断电或急停状态，禁止启动。

1. 布料机安装与周转

（1）塔式起重机从放倒状态提升至竖直状态或布料机主体放倒在地面上，需人工揽拉辅助，保证布料机被提升瞬间不会晃动撞到物体，起吊待设备平稳后方可转移。

（2）塔式起重机配置不满足吊装条件，不可强行吊装（不容许拉拽吊装）。

（3）风力超过4级以上严禁吊装，以免吊装过程中晃动出现危险。

（4）吊装转运过程中，布料机不得与其他物体发生碰撞。

（5）布料机塔身底部设立结构板辅助支撑，标准节支撑连接牢靠。

（6）标准节提升一层，支撑也必须移至一层支撑（$n-2$层）。

（7）配重箱安装时需要用梯子辅助，无安全防护不允许攀爬布料机。

（8）布料机主体及配重箱只能放置在楼地面或布料机支撑架上，不可放置在模板上，放置时吊管与电箱在同一侧且朝上。

（9）上布料机安装配重箱时，必须佩戴好安全帽、反光背心及安全带。

2. 布料机工作

（1）布料施工作业过程中，大臂、配重臂及吊管绝对不允许有障碍物阻挡，障碍物高出工作面不超出2.5m，不得与其他物体发生碰撞。

（2）布料机进行混凝土浇筑布料施工前，应先泵送不少于10min清水润滑泵管内壁，1m的润管砂浆润管。

（3）布料完成后大臂和配重臂旋转至合适位置，不允许阻挡爬架提升。

（4）工作时有任何异常立即按急停，确认安全后再进行工作。

（5）电箱由专业人员检修，要当心触电。

3. 安装细节

（1）标准节连接螺栓务必拧紧。

（2）工作时有任何异常立即按急停按钮。

（3）支撑管吊装钢丝绳需缠绕两圈防止脱落。

（4）电控箱放置方向应正确。

（5）标准节支撑务必打紧。

（6）起吊前务必卸下标准节螺栓。

（7）安装前检查输送管清洁状况，防止重复安装。

（8）起吊时小臂须与标准节固定牢固。

（9）施工前布料机施工布置方案的安全验算审核。

4. 操纵装置

（1）除为了功能目的而保持挡位外，所有操纵装置应在操作者松手后自动回到零位。各操纵装置应按其设计功能设置标识。

（2）产品处于正常工作状态下，布料臂架的运动应由至少两个操作装置同时操作才能触发。

（3）操作台（盒）的设置应便于操作者操作和防止碰撞、干涉。

（4）操作台（盒）的各标牌内容应准确、清晰。

（5）装有两套或多套控制装置时，任何时候应只允许其中一套控制装置能进行控制（急停和复位除外）。

5. 限位

一节臂架和二节臂架回转机构应设置适当的限位功能。

6. 电气安全

（1）电气系统应符合《机械电气安全 机械电气设备 第1部分：通用技术条件》GB/T 5226.1—2019 中的规定。

（2）裸露在外部的电气部件的防护等级应不低于《外壳防护等级（IP代码）》GB/T 4208—2017 中的要求。

（3）满足现场施工临时用电的要求，遵守国家、地方及企业安全用电的相关规定。

单元 5.3　智能随动式布料机维修保养与故障处理

任务 5.3.1　智能随动式布料机维修保养

1. 智能随动式布料机日常维护

智能随动式布料机日常维护分作业前检查维护和作业后检查维护，分别见表 5-5、表 5-6。

施工前检查维护　　　　　　　　　　　　　　　　　　　　　　表5-5

序号	维护项与方法
1	电源开关是否为零位，急停按钮是否正位，进行开机示教检验，电机运行是否正常
2	检查大臂、小臂小齿轮和回转支承齿轮是否出现断齿、裂纹、点蚀等异常现象，若有则需更换齿轮，用开口扳手或活动扳手将抹刀安装螺丝每一颗都检查、紧固一遍
3	检查泵管管箍是否松动和损坏，若有松动重新拧紧螺栓，若是损坏请更换，泵管管箍请按普通布料机泵管管箍更换

施工后检查维护　　　　　　　　　　　　　　　　　　　　　　表5-6

序号	维护项与方法
1	冲洗输送残余混凝土，给大臂、小臂回转支承齿轮以及小齿轮上满润滑油脂，保持机械运行灵活，一键归位
2	检查末端操控装置上的操控手柄、急停按钮及复位按钮是否异常，若有则需更换手柄、急停与复位按钮

2. 智能随动式布料机定期维护

为使智能随动布料机能长期稳定运行，需定期对布料机进行保养。

（1）总成点检

1）检查标准节螺栓是否松动和损坏，若松动按安装时要求重新拧紧螺栓，若损坏必须更换。如图 5-16 所示。

图 5-16　标准节、固定螺栓

2）检查大臂、小臂回转支承内外圈螺栓；大臂减速机安装板固定螺栓是否松动和损坏，若有松动重新拧紧螺栓，预紧力矩325～379N·m，若是损坏请更换。如图5-16所示。

3）检查大臂、小臂小齿轮和回转支承齿轮是否出现断齿、裂纹、点蚀等异常现象，若有则需更换齿轮。

4）检查配重臂固定螺栓是否松动和损坏，若松动按安装时要求重新拧紧螺栓，若是损坏请更换。

5）检查泵管管箍是否松动和损坏，若有松动重新拧紧螺栓，若是损坏请更换，泵管管箍请按普通布料机泵管管箍购买即可。

6）检查U形螺栓是否松动和损坏，若有松动重新拧紧螺栓，若是损坏请更换，泵管管箍请按普通布料机U形螺栓购买即可。

7）检查钢丝绳是否破损，若损坏请更换。

8）检查D形卸扣和钢丝绳夹是否松动和损坏，若有松动重新拧紧，若损坏请更换。

9）检查维修盒上所有按钮、旋钮是否异常，若有，需更换。

10）检查末端操控装置上的操控手柄、急停按钮及复位按钮是否异常，若有，需更换。

11）检查线缆是否出现破损，若有，需更换。

12）通电测试，检查设备是否能正常运转。

13）给大臂、小臂回转支承齿轮以及小齿轮上满黄油，以确保润滑和不生锈。

14）给所有高强度紧固螺栓涂防锈油，若是使用过程中出现锈蚀请予以更换。

15）检查是否出现油漆脱落，若有，先除锈再喷手喷漆。

（2）定期检查维护（表5-7）

定期检查维护 表5-7

序号	维护项与方法	间隔时间
1	大臂、小臂回转支撑齿轮	应用2次左右后，检查有无异物，添加润滑脂
2	输送管转动"轴"	约每个月添加一次润滑脂，再拆开上润滑脂
3	检查维修盒、末端设备上所有按钮、旋钮是否异常，若有，需更换	使用前要通电检查，未使用要拆卸保管

当布料机使用频率小于1次/月时，则每个月保养一次，并在每次使用前至少2天保养一次。当布料机使用频率大于1次/月时，则每次使用后进行保养。

当布料机施工超过5000m³的混凝土时，需检查泵管厚度是否小于3mm，若有，需更换泵管。

（3）易损件清单（表5-8）

易损件清单表 表5-8

序号	物料名称	规格/型号	用途	单台用量
1	U形管卡	*DN*125	输送管固定卡	13

序号	物料名称	规格/型号	用途	单台用量
2	橡胶圈	*DN*125	管卡连接胶垫	11
3	软管	*DN*125-3m-双头	混凝土出口软管	1
4	管卡	*DN*125	转弯管卡	11
5	轴承弯管	CB1933M6-10001-HJ04-01	输送转向弯管	2
6	输送直管1	CB1933M6-10001-HJ04-02	输送直管	5
7	输送直管2	CB1933M6-10001-HJ04-03	输送直管	1
8	输送直管3	CB1933M6-10001-HJ04-04	输送直管	1
9	输送直管4	CB1933M6-10001-HJ04-05	输送直管	1
10	输送弯管1	CB1933M6-50003	输送转弯管	1
11	输送弯管2	CB1933M6-60002	输送转弯管	1
12	水平吊管	CB1933M6-60001	水平支撑管	1

（4）安全要求与注意事项

1）吊装现场应设置安全警戒标志，并设专人监护，非作业人员禁止入内，安全警戒标志应符合《安全标志及其使用导则》GB 2894—2008 的规定。

2）大雪、暴雨、大雾及六级以上风时，不应露天作业。

3）作业前，作业单位应对起重机械、吊具、索具、安全装置等进行检查，确保其处于完好状态。

4）起吊前应进行试吊，试吊中检查全部机具、地锚受力情况，发现问题应将吊物放回地面，排除故障后重新试吊，确认正常后方可正式吊装。

5）指挥人员应佩戴明显的标志，并按《起重机 手势信号》GB/T 5082—2019 规定的联络信号进行指挥。

任务 5.3.2 智能随动式布料机常见故障及处理

智能随动式布料机常见故障及处理见表 5-9。

智能随动式布料机常见故障原因及排除表 表5-9

序号	故障情况	故障原因	排除方法
1	回转卡顿失灵/有噪声	回转零部件无润滑或已损坏	注润滑脂/更换回转零部件
2	管路堵塞	作业后管路清洗不彻底；泵送混凝土过干	清理堵管
3	管路漏浆	接头管卡密封损坏	更换密封圈
4	支承矩形管无法插入支撑底座	支承矩形管变形	整形

序号	故障情况	故障原因	排除方法
5	一节臂伺服报警	一节臂伺服驱动器故障报警	查看驱动器报警代码进行故障处理；断电重启
6	二节臂伺服报警	二节臂伺服驱动器故障报警	查看驱动器报警代码进行故障处理；断电重启
7	末端急停按钮	末端急停按钮被按下	松开急停按钮，并在2s内按两下末端手柄使能按钮或按维修盒上的复位按钮进行复位
8	标准节急停按钮	标准节急停按钮被按下	
9	维修盒急停按钮	维修盒急停按钮被按下	
10	急停伺服断电反馈	只要末端、标准节和维修盒任意一个急停按钮被按下都会有此报警，用来伺服断电	查看是哪个急停按钮被按下，旋转复位，并在2s内按两下末端手柄使能按钮或按维修盒和触摸屏上的复位按钮
11	PLC故障信号	PLC出现故障报警	查看PLC故障报警记录，进行故障处理
12	一节臂正转限位报警	超出设备限位设置	安全保护，此时一节臂只能反转（顺时针方向）
13	一节臂反转限位报警	超出设备限位设置	安全保护，此时一节臂只能正转（逆时针方向）
14	二节臂正转限位报警	超出设备限位设置	安全保护，此时二节臂只能反转（顺时针方向）
15	二节臂反转限位报警	超出设备限位设置	安全保护，此时二节臂只能正转（逆时针方向）
16	运动方向异常	末端手柄安装方向错误	旋转手柄至正确安装方向
17	触摸屏无法登录	通信异常	断电重启

小结

　　本项目首先介绍了智能随动式布料机定义、功能、组成及特点，通过智能随动式布料机和传统布料机的对比，突出智能随动式布料机的优势；其次，介绍了智能升降机的作业准备、仪器准备、技术准备等准备工作，以及在布料机操作过程中的操作要点以及安全注意事项；然后，介绍了智能随动布料机施工时对混凝土的质量标准以及智能随动式布料机使用过程中的安全注意事项；最后，介绍了智能随动式布料机使用过程中维修保养的基本方式和常见故障及处理方式。

　　本项目对智能随动式布料机的定义、构造、作业前的准备、作业方法，以及使用过程中的安全注意事项和后期的维护保养、故障处理等都做了详细介绍。通过本项目的学习可以掌握智能随动布料机及的基本构造，完成对智能布料机进行操作和后期的维护及保养工作。

巩固练习

一、单项选择题

1. 智能随动式布料机整机重量（　　）t（不含配重）。
   A. 3.5　　　　　　　　B. 3　　　　　　　　C. 4　　　　　　　　D. 4.5

2. 智能随动布料机作业时风力小于（　　）级，吊装时风力小于（　　）级。
   A. 8，5　　　　　　　B. 9，7　　　　　　C. 6，4　　　　　　D. 7，3

3. 智能随动布料机如需整体提升，安装处须有大于（　　）t起重能力的起重设备以满足整体提升吊装。
   A. 3　　　　　　　　　B. 3.5　　　　　　　C. 4　　　　　　　　D. 4.5

4. 智能随动布料机开机前应检查运行楼面障碍物高度是否超过（　　）m。
   A. 2.2　　　　　　　　B. 2.3　　　　　　　C. 2.4　　　　　　　D. 2.5

5. 当布料机施工超过（　　）m³ 的混凝土时，需检查泵管厚度是否小于（　　）mm，若有则需更换泵管。
   A. 3500；2.5　　　　B. 5000；2.5　　　　C. 3000；3　　　　　D. 5000；3

6. 智能随动布料机的布料半径是（　　）m。
   A. 25　　　　　　　　B. 20　　　　　　　　C. 30　　　　　　　　D. 35

7. 智能随动布料机的大臂回转角度为 ±（　　）。
   A. 360°　　　　　　　B. 480°　　　　　　　C. 720°　　　　　　　D. 280°

8. 智能随动布料机的工作温度（　　）℃。
   A. 0～40　　　　　　B. 0～37　　　　　　C. 0～39　　　　　　D. 0～42

9. 当智能随动式布料机使用频率大于（　　）次／月时，则每次使用后进行保养。
   A. 1　　　　　　　　　B. 2　　　　　　　　C. 3　　　　　　　　D. 4

10. 智能随动布料机安装底座支撑受力不小于（　　）kN。
    A. 20　　　　　　　　B. 25　　　　　　　　C. 30　　　　　　　　D. 35

二、多项选择题

1. 智能随动布料机具备（　　）两种模式。
   A. 传统手动　　　　　B. 手动遥控　　　　　C. 半自动化
   D. 全自动化　　　　　E. 智能随动布料

2. 智能随动式布料机组成由（　　）、智能控制系统、电力系统等组成。
   A. 钢结构塔身系统　　B. 基座系统　　　　　C. 大小臂动力系统
   D. 配重系统　　　　　E. 联动系统

3. 智能随动布料机作业条件说法正确的是（　　）。
   A. 每层须预留大于 1.1m×1.1m～1.3m×1.3m 的洞口供布料机安装

   B. 施工现场有 380V/50Hz、5kW 以上的电源

   C. 作业时风力小于 5 级，吊装时风力小于 3 级

D. 施工现场有 380V/50Hz、3kW 以上的电源

E. 以上说法都正确

4. 关于智能随动布料机开机前检查说法错误的是（　　　）。

A. 检查布料机维修盒和末端操作装置急停按钮处于松开急停状态

B. 检查运行楼面障碍物高度是否不大于 1.5m

C. 作业时风力是否小于 6 级

D. 手动状态检查大小臂电机运行是否正常

E. 以上说法都不对

5. 末端操控装置由（　　　）组成。

A. 状态指示灯　　　　B. 使能按钮　　　　C. 急停按钮

D. 通信插座　　　　　E. 操作手柄

6. 智能随动布料机具备（　　　）功能。

A. 一键复位　　　　　B. 声光报警　　　　C. 防误触

D. 紧急停止　　　　　E. 自动停止

7. 关于智能随动布料机质量标准中场地要求说法正确的是（　　　）。

A. 混凝土浇筑前需仔细检查并确认泵管支架及布料机支架牢固，严禁支架在泵送中接触模板及其附件

B. 泵车、布料机已试机调配好

C. 检查电源、线路良好，若夜间施工，需做好夜间施工用电及照明设备

D. 施工平桥铺设，减少对板面钢筋的踩踏

E. 以上说法都不对

8. 关于智能随动布料机安全事项说法错误的是（　　　）。

A. 塔式起重机无法吊起布料机（超出最大吊距，不容许拉拽吊装）不可强行吊装

B. 大风环境下不可吊装（3 级以上大风），以免吊装过程中晃动出现危险

C. 吊装转运过程中，布料机不得与其他物体发生碰撞

D. 布料机塔身底部设立结构板辅助支撑，标准节支撑连接牢靠

E. 以上说法都正确

9. 维修盒由（　　　）组成。

A. 语音提示器　　　　B. 复位按钮　　　　C. 急停按钮

D. 一节臂正反转旋钮　　　　　　　　　　E. 模式选择按钮

10. 关于智能随动布料机故障分析说法正确的是（　　　）。

A. 回转卡顿、失灵是由泵送管卡密封损坏引起的

B. 管路堵塞是由支撑矩形管变形引起的

C. 一节臂伺服报警是由一节臂伺服驱动器故障报警引起的

D. 二节臂伺服报警是由二节臂伺服驱动器故障报警引起的

E. 以上说法都正确

三、判断题

1. 当布料机每月使用少于 1 次时，则每个月保养 1 次，并在每次使用前至少 2 天保养 1 次。（　　　）

2. 布料完成后大臂和配重臂旋转至合适位置，不允许阻挡爬架提升。（　　　）

3. 布料机进行混凝土浇筑布料施工前，应先泵送不少于 10min 清水润滑泵管内壁，2m 的润管砂浆润管。（　　　）

4. 布料施工作业过程中，大臂、配重臂及吊管绝对不允许有障碍物阻挡，障碍物高出工作面不超出 2m，不得与其他物体发生碰撞。（　　　）

5. 型钢底座支撑、卡具螺杆需与架体保持垂直。（　　　）

6. 如现场的起重设备无法满足整体提升吊装，可将预装主体臂架与标准节拆分成两部分进行提升吊装，拆分后的最大重量为 2.5t，安装场地不小于 17m×6m，运行楼面障碍物高度不大于 3m。（　　　）

7. 布料机塔身底部设立结构板辅助支撑，标准节支撑连接牢靠。（　　　）

8. 吊装转运过程中，布料机不得与其他物体发生碰撞。（　　　）

9. 配重箱安装时需要用梯子辅助，无安全防护不容许攀爬布料机。（　　　）

10. 布料机主体及配重箱只能放置在地面上，不可以放置在铝模板或木模上，放置时吊管与电箱在同一侧且朝上。（　　　）

四、简答题

1. 智能随动式布料机由哪几部分组成？

2. 智能随动式布料机在使用功能上比传统机型有哪些优点？

3. 简述一键归位位置示教的作用及操作流程。

4. 智能随动式布料机在什么状态下要进行零点标定？

5. 一节臂旋钮和二节臂旋钮在什么状态下才能使用？

参考答案

参考文献

［1］ 成大先. 机械设计手册［M］. 6版. 北京：化学工业出版社，2016.

［2］ 马璇，陈荣强. 机械基础［M］. 北京：机械工业出版社，2018.

［3］ 冯速琼. 建筑工程技术管理模式创新探索［J］. 科技风，2022（2）：3.

［4］ 张佳乐，骆汉宾，徐捷. 建筑信息模型（BIM）在建筑自动化及机器人技术领域的研究与应用［J］. 土木工程与管理学报，2021，38（6）：9.

［5］ 吴蒙. 基于三维激光扫描技术的建筑物建模研究［D］. 东华理工大学，2015.

［6］ 王林. 三维激光扫描技术在历史建筑测绘中的应用［J］. 安徽建筑，2021，28（08）：164-165+206.

［7］ 郑伟，彭燕. 井道内无人驾驶智能化施工升降机应用优势［J］. 四川建筑，2021，41（S1）：51-52.

［8］ 覃仕明. 一种电梯智能控制系统的设计与实现［J］. 中国电梯，2021，32（17）：15-17.

［9］ 林琳洁. 建筑工程无脚手架电梯安装施工技术要点分析［J］. 绿色环保建材，2021（10）.

［10］ 赵晓静. 建筑工程中施工电梯的安装维修与管理［J］. 设备管理与维修，2021（20）.

［11］ 陈朝大，吕志胜. 基于智能寻迹的清洁机器人控制系统［J］. 机床与液压，2015，43（21）：4.

［12］ 赵航，刘玉梅，卜春光，等. 扫地机器人的发展现状及展望［J］. 信息与电脑，2016（12）：2.

［13］ 中国建筑工程总公司. 建筑施工手册［M］. 5版. 北京：中国建筑工业出版社，2012.